10 Design Principles FOR Cloud Applications

クラウドアプリケーション 10の設計原則

「Azureアプリケーションアーキテクチャガイド」から学ぶ普遍的な原理原則

真壁 徹 著

1 すべての要素を冗長化する

2 自己復旧できるようにする

3 調整を最小限に抑える

4 スケールアウトできるようにする

5 分割して上限を回避する

6 運用を考慮する

7 マネージドサービスを活用する

8 用途に適したデータストアを選ぶ

9 進化を見込んで設計する

10 ビジネスニーズを忘れない

インプレス

はじめに

真壁 徹

本書は、Azure アプリケーションアーキテクチャガイドの「Azure アプリケーションの10の設計原則」をもとにした本です。**クラウド上にアプリケーションやシステムを構築する際、心にとめておきたい原則を**、現役クラウドアーキテクトの経験を大幅に加えて解説します。**陳腐化しにくい普遍的なクラウド設計の原理原則**を知りたい方に向けた一冊です。単なるテクニックにとどまらない、長く役立つ視点や審美眼を磨いてみませんか。

■ ベストプラクティスの功罪

「まずベストプラクティスを教えてください」

筆者の嫌いな言葉です。

ベストプラクティスや標準化ガイドラインといった、クラウドを使いこなすための情報が増えています。クラウドプロバイダ自身が公開するものだけでなく、コミュニティや個人が発信するものもあります。従来、そのような知見やノウハウはお金を払わないと手に入りませんでした。よい時代になったものです。

しかし、それらを鵜呑みにし、残念な結果に終わることも珍しくありません。次がその典型例です。

- ベストプラクティスが現在の社内ルールに反していることがわかったが、その価値や妥当性を主張できない
- 複数のベストプラクティスを参考にしたが一貫性がなく、どれを優先すればよいか判断できない
- トラブル対応ができない

いずれも、理解不足が原因です。

　ところで「ベストプラクティス」とは、何でしょうか。筆者の経験上、この言葉の使われ方は多様です。とはいえ、いちいち「ベストプラクティスとは何でしょうか」と定義を確認すると「面倒くさいやつ」になりかねません。文脈から想像し、たいていは流してしまいます。

　そこでよい機会ですので、ベストプラクティスとは何か、あらためて考えてみましょう。筆者は、野村総合研究所の解説がしっくりきます。

ベンチマーキングとは、同じプロセスに関する優良・最高の事例（ベストプラクティス）を分析し、業務効率向上へとつなげる経営手法。

出典　「ベンチマーキング／ベストプラクティス｜用語解説」野村総合研究所（NRI）
https://www.nri.com/jp/knowledge/glossary/lst/ha/benchmark

　「ベンチマーキング」と合わせて解説されています。ベストプラクティスはベンチマーキング、つまり分析のための比較対象、という位置付けです。

　そして、失敗のパターンも紹介されています。

最も典型的な失敗のパターンは、他社事例の研究はしたものの、経営陣のコミットメントや社内の関係組織の協力を得られず、業務変革につながらなかったというものです。ベンチマーキングは、世界一流のプロセスを研究するだけでは完遂しません。最も重要なのは、そのプロセス要素を自社に取り込み、自社の業務プロセスを抜本的に見直し、効率化を実現することであり、日本企業はこの部分が欠けていたと考えられます。

出典　「ベンチマーキング／ベストプラクティス｜用語解説」野村総合研究所（NRI）
https://www.nri.com/jp/knowledge/glossary/lst/ha/benchmark

　研究したけれども、ものにできなかったというわけです。そして、ベストプラクティスの鵜呑みとは、それすらしないことを意味します。これでは成功する気がしません。

　もちろん、ベストプラクティスには知見としての価値があります。しかし、あくまで分析、研究の対象です。それを用いて成功できるかは、使い手次第です。

■ ベストプラクティスを批判的に見るために

分析、研究という表現で、ハードルの高さを上げてしまいました。要は、批判的に見てほしいのです。鵜呑みにせず、かつ、頭から否定や非難もせず、自分たちにとっての価値や実現性を吟味していただきたいのです。

しかし、物事を批判的に見るためには、吟味すべきことを見極める力が必要です。それがないと、何でもいちいち調査、確認しなければならず、時間やコストがかかります。吟味すべきことと、時間をかけずに受け入れられることを見極める、選球眼のようなものが欲しくなるでしょう。

選球眼は、経験によって磨かれます。では、クラウドでの開発、運用経験を積むまでは、愚直に時間をかけるしかないのでしょうか。筆者は、ほかにも選球眼を磨く方法がある、と考えます。

それは、**「原則」を理解する**ことです。なぜなら、ベストプラクティスが多種多様であったとしても、共通の原則から生まれている、または原則に従っているケースが多いからです。原則を理解することで、効率的にベストプラクティスを吟味できます。

本書の特徴

Microsoftは、提供するクラウドサービス（Azure）を使いこなすためのベストプラクティスだけでなく、その基礎となる原則を解説する文書も公開しています。その1つが、「Ten design principles for Azure applications（和訳版：Azureアプリケーションの10の設計原則）」です。

原版 **Ten design principles for Azure applications**
https://learn.microsoft.com/en-us/azure/architecture/guide/design-principles/

和訳版 **Azureアプリケーションの10の設計原則**
https://learn.microsoft.com/ja-jp/azure/architecture/guide/design-principles/

- すべての要素を冗長化する（Make all things redundant）
- 自己復旧できるようにする（Design for self healing）
- 調整を最小限に抑える（Minimize coordination）
- スケールアウトできるようにする（Design to scale out）
- 分割して上限を回避する（Partition around limits）
- 運用を考慮する（Design for operations）
- マネージドサービスを活用する（Use platform as a service options）
- 用途に適したデータストアを選ぶ（Use the best data store for your data）
- 進化を見込んで設計する（Design for evolution）
- ビジネスニーズを忘れない（Build for business needs）

　本書はこの原則集を、筆者がソリューションアーキテクトとして得た経験をもとに、解説と要約、そして加筆したものです。オリジナルの原則集は読者が知識を持っていることを期待し、解説がコンパクトにまとまっています。そのため「ピンとこない」という意見もあります。そこで、具体例やサンプルコード、デザインパターンを交えるなど工夫をしました。加えて、オリジナルにはありませんが、多くのアプリケーション開発者の関心事であるセキュリティについての原則を、付録として追加しています。

　また、オリジナルの原則集のタイトルには「Azure」が入っていますが、ほかの大規模なパブリッククラウドサービスでも参考になる内容だと筆者は考えます。そこで、AWS（Amazon Web Services）やGoogle Cloudなど、ほかの代表的なクラウドサービスにおいても参考になるよう、意識して本書を書きました。実装や事例など具体例はAzureを中心に取り上げますが、「クラウド」を主語とする文章では、パブリッククラウドサービスで一般的だと判断したことを書いています。現時点で公開されている、筆者が知りうる限りの情報で判断していますので、実際には本書の内容がほかのクラウドサービスには当てはまらない恐れはあります。その点はご容赦ください。

　本書は、 原版 の原則集の2022/08/31時点の内容をもとにしています。原則集ということもあり、これまでに大きな変更はありません。しかし、オンラインドキュメントの特徴を活かし、随時改善が行われています。ぜひ、本書の読了後に 原版 も眺めてみてください。新たな発見の可能性があります。なお、 原版 は公式に和訳されていますが、本書は日本語を母語とする技術者がより理解しやすいよう、表現を工夫しています。

　このように本書は、転載や翻訳、翻案ではなく、Microsoftとの合意のもとに書かれた解説本です。文責は筆者にあります。 原版 との違いも楽しんでいただけたら幸いです。

　なお、本書の各章の内容は独立しています。関心のある章から読んでかまいません。しかし、筆者は前の章から順に書いたため、読み進める助けになる知識が、前の章ほど多く含まれています。よって、**前から順に**、が読みやすいでしょう。

各章の構成

　それぞれの章は、3つの要素に分かれています。

1. 原則（タイトル）
2. 原則が求められる理由、背景
3. 実践のために推奨すること

　時間がたてば、読んだ内容の多くは忘れてしまうものです。ですので、本書で記憶してほしいことは多くありません。それは各章のタイトル、つまり原則です。常に章のタイトルを意識しながら読み進めてください。

　なお、実践のための推奨事項を紹介しますが、あくまで執筆時点でお勧めする手段です。将来、さらによい方法が生まれる可能性もあるため、頭に詰め込む必要はありません。そして、すべての推奨事項を採用する必要もありません。状況によっては過剰であったり、使いどころを選んだりする推奨事項もあります。筆者は本書の推奨事項を、原則を理解し、印象づける具体例と位置付けています。

■「アプリケーション」という言葉の定義

オリジナルのタイトルが「Azureアプリケーションの設計原則」ということもあり、本書は「アプリケーション」という言葉を多く使っています。幅広い意味で使われている言葉ですが、本書での定義を整理します（図A）。

本書では、アプリケーションを1つ以上のサービスの集合体とし、利用者に対して「価値」を提供する単位とします。利用者だけでなく、ほかのアプリケーションに価値を提供するケースもあります。

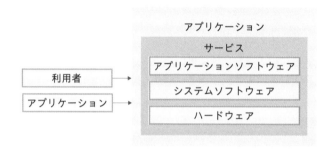

図A　本書での「アプリケーション」の定義

そしてサービスは、アプリケーションに必要な機能を提供します。サービスの具体例は、クラウドで提供される「仮想マシンサービス」「データベースサービス」です。利用者とプロバイダの責任範囲など、サービスによって中身は異なります。また、サービスは入れ子になることもあります。たとえば、仮想マシンサービスにWebアプリケーションを載せた「Webフロントエンドサービス」です。サービスとは大まかに、機能を提供する単位と考えてください。1つのサービスで成り立つアプリケーションもあれば、複数のサービスを組み合わせたアプリケーションもあります。

ここで示したアプリケーションは「システム」「サービス」と呼ばれることもありますが、本書の定義をご理解ください。

なお、「Javaアプリケーション」など、固有名詞との組み合わせで対象が明確になる場合には、この限りではありません。

想定する読者像

本書は、以下のような読者像を想定しています。

- クラウド向けアプリケーションを設計するアーキテクト、開発者、運用設計者
- 将来的にクラウドの活用、移行を計画しており、技術的な判断材料が欲しい意思決定者
- パブリッククラウドや、Azureで使われているテクノロジーに関心のある人

筆者は本書を、クラウドのプラットフォームを作る「中の人」ではなく、主にクラウド上で動くアプリケーションを作り運用する人に向けて書きました。ですが、クラウドの中で使われている技術や考え方、動向も紹介していますので、中の人の参考になる情報も含まれていると考えます。中の人が、アプリケーションを作り運用する人の視点でクラウドを考える、よい機会となれば幸いです。

前提知識として、アプリケーションの設計や開発、運用経験があれば、読み進めやすいでしょう。その経験は、クラウドに限りません。

読了後のゴール

筆者は本書を、読者の皆さまに読了後こう感じていただければ、という想いを持って書きました。

- クラウドでのアプリケーション設計や技術選定で迷いが生まれたとき、立ち返る原則が増えた
- プラクティスや手法、アイデアを評価する際の、審美眼や選球眼が磨かれた
- 設計や技術選定の妥当性を、背景や根拠を添えて利害関係者へ説明できるようになった

本書が、より広く、深くクラウドについて学ぶきっかけになれば幸いです。ちなみにMicrosoftは本書のもとになった原則集だけでなく、クラウドに関する多様な技術文書を公開しています。筆者やレビュアーが日ごろ活用しているドキュメントを付録にまとめましたので、次のステップで参考にしてください。

謝辞

　年を重ね、専門分野で積み重ねた経験をもとに本を書くのは、喜びにあふれる作業です。一方、思考の偏りや無意識な省略、さらには小さな文字の誤字脱字を、見逃すようにもなります。本書は、経験と才能にあふれるレビュアーによって磨かれました。レビューにご協力いただいた赤間信幸さん、加藤雅規さん、坂部広大さん、土居昭夫さん、松本雄介さんに、心からの感謝を申し上げます。

　また、本書の企画時にご協力いただいた、オリジナル原則集の担当者であるJason Cardさんに厚く感謝します。彼のサポートがなければ、本書が生まれることはなかったでしょう。

　そして、本書を執筆する機会を提供し、執筆活動を全面的に支援してくださったインプレスの編集者の皆さまに、心より感謝を申し上げます。私の執筆ペースや進め方に対するご理解のおかげで、無理なく作業を進めることができました。

　最後に、この書籍を手に取ってくださった読者の皆さまへ深く感謝の気持ちを表します。皆さまがこの書籍から新たなアイデアや知識を得られることを願っています。どうぞお楽しみください。

目次

第1章 すべての要素を冗長化する Make all things redundant　001

1-1 クラウドにおける障害の特徴　002

Contents

| 📖 6-3 | まとめ | 160 |

Contents

付録 B ［目的別］ 参考ドキュメント集　　251

📝 Memo

第 **1** 章

すべての要素を
冗長化する

Make all things redundant

　クラウドサービスは、多くのユーザーが利用しています。障害が起きれば影響範囲は広く、ニュースに取り上げられることもあるため強く印象に残りがちです。

　しかし技術者ならば、印象や雰囲気で判断すべきではありません。どのようなリスクがあるのか、どのような緩和、回避策があるのか、その背景を含めて把握すべきです。そのうえで、価値がリスクを上回るかを判断したいものです。

　そこで本章では、障害からの回復力を高める手法の基本である、**構成要素の冗長化**について解説します。次を意識しながら、読み進めてください。

- なぜクラウドで冗長化が求められるのか
- どのような要素を、どのように冗長化するか
- 常に「すべての」要素を冗長化すべきなのか

1-1 クラウドにおける障害の特徴

クラウドに限らず、**IT基盤の障害**は2種類あります。

- 一過性のもの
- 長時間に及ぶもの

それぞれについて、クラウドにおける特徴を把握しましょう。

● 一過性の障害

一過性の障害とは、次のような事象を指します。

- アプリケーションを動かす基盤や依存するサービスが停止したり、接続できなくなったりする

●数秒待てば回復する

API（Application Programming Interface）の応答拒否、データベースへの接続失敗などが代表例です。

一過性の障害は、クラウド固有の現象ではありません。非クラウドでも起こります。しかしクラウドでは、非クラウドと比較して起きやすいと言えます。

ではなぜ起きやすいのでしょうか。クラウドには、次のような特徴があるからです。

● 共有範囲が大きく、ユーザーも多い

一部の占有サービスを除き、クラウドサービスはその設備やリソースを複数のユーザーが共有します。また、持続的なビジネスとして成立するよう、計画的な設備投資が行われています。雲と呼ばれていますが、コンピュータの実体はあるのです。もちろん急な需要に応えられるよう、余裕率は考慮されています。しかし、「じゃぶじゃぶ」ではありません。

共有リソースは、一部のユーザーによる過剰な利用から保護すべきです。そのため、クラウドサービスはしきい値を超えた要求に対し、接続数を絞る、または拒否することがあります。これは**スロットリング**とも呼ばれます。この保護機能はサービス全体の品質や安定性の向上に寄与します。しかし、対象となったユーザーにとっては一時的に利用できなくなるため、障害のように見えるわけです。

● 構成要素が、データセンターや都市を超えてつながる

クラウドサービスは多くのユーザーが利用できるよう、大量の設備で構成されます。大量のサーバやストレージが、ルータ、スイッチなどネットワーク装置でつながっています。

また、代表的なクラウドサービスは、データセンターや都市規模の災害にも耐えられるよう、複数のデータセンターや都市に設備を分散しています。Azureでは、1つ以上のデータセンターで構成するグループを**可用性ゾーン**（**AZ**：Availability Zones）と呼びます。そして、それぞれのAZは電源などの設備を共有せず、AZ

間の距離も確保しています。よって、複数のAZへアプリケーションを分散配置すれば、データセンターや都市レベルの災害が発生しても、全滅しません。

　なお、Azureには、AZの上位概念として、**リージョン**があります。リージョンとは、都市圏です。日本には、東日本リージョン（首都圏）と西日本リージョン（近畿圏）があります。複数のリージョンへアプリケーションを分散配置すれば、都市圏レベルの広域災害にも対応できます。

　それぞれの関係を、**図1-1**にまとめます。

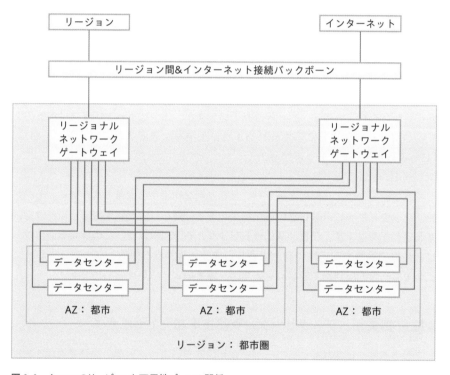

図1-1　Azureのリージョンと可用性ゾーンの関係

参考文献　Azureリージョンと可用性ゾーンとは
https://learn.microsoft.com/ja-jp/azure/reliability/availability-zones-overview

　AZ間、リージョン間の距離に応じ、光ケーブルなど伝送媒体も長くなります。つまり、ネットワークの伝搬遅延が増加します。AZの配置先は地盤や電力供給などさまざまな条件で決定されるため、ゾーン間の距離は一定ではありません。しか

し、AZ間の伝搬遅延が２ミリ秒に収まるように設計しています。

　なお、リージョン間の遅延は第三者（ThousandEyes）のツールを利用した実測値が公開されています。2022年6月に測定された東日本リージョンと西日本リージョン間のラウンドトリップ待ち時間は、13ミリ秒です。

参考文献　Azureネットワークラウンドトリップ待ち時間統計
https://learn.microsoft.com/ja-jp/azure/networking/azure-network-latency

　図1-2にリージョンとAZ間の遅延の目安（AZ間）、測定値（リージョン間）を示します。

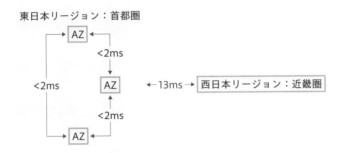

図1-2　Azureのリージョンと可用性ゾーン間の遅延

　このように、クラウドは大量の設備で構成されるため、それをつなぐネットワーク装置の数も多くなりがちです。また、データセンターや都市をまたいだ通信では、伝搬遅延が増えます。すると**アクセス先のAPIやデータベースは隣のラックにある**ような低遅延な環境では起きなかった問題が、顕在化することがあります。

● 修理より交換

　クラウドでは設備故障の疑いや予兆がある場合に、時間をかけて診断、修理するよりも、すばやく交換するアプローチが好まれます。大量のハードウェアからなる**プール**から、割り当て可能な設備を選び、交換します。このプロセスは検知から交換まで自動化されており、日常的に行われています。膨大な量の設備を有するため、自動化なしには運用できません。

　このアプローチは、障害復旧が長引くリスクを緩和します。壊れることを前提に、回復時間の短縮を優先しているのです。一方、交換のタイミングで、一時的に

アプリケーションとの接続が切れるケースもあります。再試行など切断に対処する仕組みが実装されていないアプリケーションは、要注意です。

● 局所的なメンテナンス

ソフトウェアのメンテナンスも、一過的な障害の原因になりえます。

実話をもとにした作り話をします。

クラウド上に、フロントエンドサービスとデータベースサービスで構成されるWebアプリケーションがありました。データベースには、クラウドプロバイダがデータベースを提供、管理するPaaS（Platform as a Service）を選択しました。パッチ適用などのメンテナンスは、クラウドサービスの責任で実施されます。

ある日、データベースサービスが内部で使用しているソフトウェアに脆弱性が見つかりました。深刻度の高い脆弱性であったため、緊急でパッチが適用されます。データベースプロセスは冗長化されているため、すぐに新しいプロセスに切り替わりました。

しかし、フロントエンドとデータベースの接続は切れます。フロントエンド自身は問題なく動いていましたが、データベースの接続エラーを検知し再接続する仕組みがなかったため、アプリケーション利用者のブラウザには意味不明なエラーメッセージが返りました。利用者の心中は、穏やかでありません。**図1-3**のような状況です。

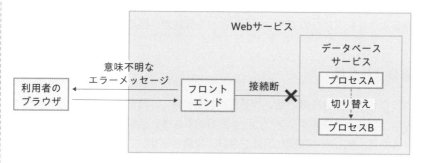

図1-3 エラー処理をしないアプリケーションと依存先のメンテナンス

作り話は以上です。このようにパブリッククラウドでは、各サービスや機能で局所的にメンテナンスを実施しています。特にセキュリティ関連のメンテナンスは優先度高く行われます。急を要する場合には、告知なく行われることもあります。

> ✎ **Memo** メンテナンス影響を小さくするクラウド技術の進化
>
> 　筆者はクラウド側の人間です。必要以上に不安をあおるようなことは書きたくありません。しかし、使ってから**こんなはずでは**となるのは不幸せです。よって本書では、客観的に懸念点をお伝えしています。
>
> 　そして、懸念があってもクラウドをお勧めできる理由は、ほかにもあります。技術の進化が、いずれそれらを解決、払拭すると期待しているからです。
>
> 　たとえば、Azureの仮想マシンサービスは初期に、メンテナンス目的で再起動を要するケースが多くありました。しかし現在では、メモリ保持技術やライブマイグレーションの導入によって、再起動なしにメンテナンスを実施できるケースが増えています。
>
> **参考文献** Azureでの仮想マシンのメンテナンス
> https://learn.microsoft.com/ja-jp/azure/virtual-machines/maintenance-and-updates
>
> 　加えて、メンテナンス時の性能劣化を防ぎ、その時間も短縮する、ハードウェア支援技術も進化しています。たとえば、ライブマイグレーションでは、移動元と移動先のサーバが、ネットワークを通じて状態をやりとりします。ハードウェアの支援があれば、短時間、かつサーバのCPU消費を抑えてライブマイグレーションできます。
>
> 　Azureでも多様なハードウェア支援機能が開発、導入されています。たとえば、通信に関わる多様な処理を、サーバのCPUやソフトウェアではなくNICで行う**SmartNIC**です。SmartNICは、Microsoftの研究開発部門であるMicrosoft Researchの重要な研究テーマであり、日々進化を続けています。
>
> **参考文献** Azure SmartNIC
> https://www.microsoft.com/en-us/research/project/azure-smartnic/
>
> 　クラウドは成長著しく、競争の激しい分野です。したがって、研究開発投資が積極的に行われています。今後もさまざまな課題が解決されるでしょう。

第1章 すべての要素を冗長化する

● 一過性の障害が非クラウドで起きにくかった理由

それでは、ここまで挙げたような一過性の障害は、なぜ非クラウドで起こりにくかったのでしょうか。それはクラウドの特徴の裏返しであり、トレードオフとも言えます。非クラウドでアプリケーション開発や運用に関わったことがある方は、思い返してください。

- 後から設備を追加しにくいため、余裕を持ってサイジングしていた
- 共有範囲が小さい、もしくは、共有するユーザーが少なかった
- それぞれの構成要素がネットワーク的に近く、低遅延だった
- メンテナンスはアプリケーション全体を停止して行うため、障害ではなく計画停止として扱っていた
- 脆弱性対応を計画停止まで先送りしていた
- 計画停止は年末年始や大型連休に実施していた

心当たりは、ないでしょうか。

クラウドと非クラウド、どちらが優れているかを書くつもりはありません。何を重視するかで、答えは変わるからです。しかし、もしクラウドの価値を重視するのであれば、トレードオフとして受け入れて対処すべきです。

● 長時間にわたる障害

では一時的ではない、長時間にわたる障害はどうでしょうか。

● ハードウェア故障は主要因ではない

長時間にわたる障害と聞いて、まず思い浮かぶ原因は、設備故障などハードウェア関連ではないでしょうか。非クラウドで「交換部品がない」「交換作業に時間がかかる」といった経験があれば、なおさらです。ですが前述のとおり、クラウドは予備設備を有し、自動的に交換しています。また、電源設備などデータセンターの広い範囲に影響する故障も、AZやリージョンを活用して回復できます。

ところで、クラウドサービスの障害原因を分析した、興味深い論文があります。「Why Does the Cloud Stop Computing?: Lessons from Hundreds of Service Outages」です。

参考文献 Why Does the Cloud Stop Computing?: Lessons from Hundreds of Service Outages
https://dl.acm.org/doi/abs/10.1145/2987550.2987583

この論文は、著名な32のパブリッククラウドサービスで発生した7年間分の障害を対象に、その原因を分析しています。いくつかデータを引用します。**表1-1**は、サービス停止（Full Outage）に至った障害の原因を多い順に並べたものです。

表1-1 サービス停止に至った原因

原因	件数	原因	件数
更新作業	44	セキュリティ	12
ネットワーク	43	ヒューマンエラー	12
バグ	36	自然災害	9
構成ミス	30	電力	9
依存サービス	28	サーバ	7
負荷	22	その他ハードウェア	5
ストレージ	21		

出典 Haryadi S. Gunawi, Mingzhe Hao, Riza O. Suminto, Agung Laksono, Anang D. Satria, Jeffry Adityatama, Kurnia J. Eliazar. *Why Does the Cloud Stop Computing?: Lessons from Hundreds of Service Outages.* SoCC '16: Proceedings of the Seventh ACM Symposium on Cloud Computing (October 2016). Figure 5. Root causes vs. (a) impacts and (b) fix procedures. 11p より引用し一部改変。

更新作業、バグ、構成ミスといった、ハードウェア故障ではない原因が目立ちます。ネットワーク、ストレージ、サーバなど、一見ハードウェアに分類できるものもありますが、すべてがハードウェア故障ではありません。この論文は障害に複数の原因がある場合を考慮しているからです。たとえば、「ネットワーク」の「更新作業」が原因の場合、それぞれを件数としてカウントしています。その組み合わせを整理したのが**表1-2**です。

第1章 すべての要素を冗長化する

表1-2 原因の組み合わせ

原因の組み合わせ		件数
バグ	構成ミス	13
更新作業	ネットワーク	13
負荷	構成ミス	12
バグ	負荷	11
ヒューマンエラー	構成ミス	9
バグ	ヒューマンエラー	8
ネットワーク	構成ミス	7
自然災害	電力	7
更新作業	構成ミス	7
更新作業	バグ	7
更新作業	ヒューマンエラー	5
更新作業	負荷	5
バグ	ネットワーク	5

出典 Haryadi S. Gunawi, Mingzhe Hao, Riza O. Suminto, Agung Laksono, Anang D. Satria, Jeffry Adityatama, Kurnia J. Eliazar. *Why Does the Cloud Stop Computing?: Lessons from Hundreds of Service Outages.* SoCC '16: Proceedings of the Seventh ACM Symposium on Cloud Computing (October 2016). Table 4. Root cause pairs. p7 より引用。

　表1-1で原因の上位にあったネットワークですが、更新作業や構成ミス、バグとの組み合わせが顕著です。

　このように、サービス停止の主要因はハードウェア故障ではありません。機能追加やメンテナンスでサービスに加えた**変化**が主な原因と言ってよいでしょう。

　機能追加をめったに行わない、脆弱性対応も先送りする、というサービスにすれば、変化は緩やかにできるでしょう。それに伴い、障害も減るはずです。しかし、そのようなクラウドサービスに魅力はあるでしょうか。クラウドを活用するなら、このリスクもトレードオフとして認識、対処すべきです。

✏️ **Memo** 安全に変化を加える技術と運用

　クラウドサービスの日常的な**変化**には功罪があり、トレードオフだとしても、ユーザーの立場では影響を受けたくありません。ユーザーが進化を期待するのは自然です。Azure も現状をよしとせず、継続的な改善に取り組んでいます。その代表例が、**安全なデプロイプラクティス**（**SDP**：Safe Deployment Practice）フレームワークです。

参考文献 安全なデプロイプラクティスを発展させる
https://azure.microsoft.com/ja-jp/blog/advancing-safe-deployment-practices/

　当たり前ではありますが、Azure ではソフトウェアや構成、パッチをいきなり商用環境にデプロイしません。統合検証環境でのテストを経て、品質基準をクリアしたものだけがリリース対象になります。

　そして商用環境へのデプロイも、段階的に実施されます。まず**カナリアリリージョン**で、Microsoft 自身や希望する顧客による検証が行われます。カナリアとは、鳥のカナリアを指します。その昔、人間よりも有毒ガスに敏感なカナリアを、炭鉱へ連れていったことに由来します。カナリアリリースについては、**付録 A 守りは左から固める** p.240 でも触れます。

　次に、小規模ながら多様なハードウェア上で時間をかけて検証する、**パイロットフェーズ**に移ります。パイロットフェーズでの結果が良好であれば、商用環境にデプロイされます。ただしこちらも一度にではなく、段階的に行います。まずは規模が大きくクラウド基盤の開発者も対処しやすい、つまりリカバリの容易な米国のリージョンにデプロイされることが多いです。その後、問題のないことを確認しながら、徐々にデプロイ対象リージョンを増やしていきます。

　また、**ペアリージョン**には同時にデプロイしません。たとえば、日本地域では東日本リージョンと西日本リージョンがペアリージョンです。ペアの1つのリージョンで問題が検出されれば、もう一方のリージョンへはデプロイしません。

　図1-4にコンセプトを引用します。

図1-4　Azureの安全なデプロイプラクティス（SDP）フレームワーク

　例外として、重大な脆弱性への対処などで、SDPのチェック条件を緩和しデプロイを急ぐことはあります。また、リージョンに属さないグローバルサービスは、リージョンではなく内部的な配備単位で段階的にデプロイを実施します。

　クラウドの中の話ですが、このようなフレームワークや運用方針の存在を知っておく価値はあります。複数リージョンへの分散配置など、ユーザーとしてできることを考える助けになるからです。

● 爆発半径とは?

　サービス停止に限らず、障害の対処には影響範囲の把握が重要です。影響範囲のことを**Blast Radius**（**爆発半径**）と呼ぶこともあります。障害の原因を爆心にたとえ、影響の及ぶ範囲を指します。

　自然災害やハードウェア故障は、影響範囲を想定しやすいです。難しいのはバグや更新作業など、ソフトウェアや作業を原因とする障害です。これらの障害はネットワークを通じて広がり、広範囲に及ぶ可能性があります。

　たとえば、Azureにおける電源設備故障の爆発半径は、**AZ**です。影響を受けるのは、そのAZに配置されたサービスやユーザーのリソースに限定できます。したがって爆発半径が重ならないように、つまりAZを分けて冗長化すればサービスを継続できます。

　一方、ソフトウェアや作業を原因とする障害の爆発半径はどうでしょうか。たとえば、複数のAZに冗長化できるロードバランサがあります。このロードバランサを設定するソフトウェアにバグがあった場合、設定変更時にすべてのAZが影響を受けます。この場合の爆発半径は、リージョン全体です。リージョン全体を対象にするサービスを**リージョナルサービス**と呼びます。

　加えて、ユーザーが配置リージョンを指定できないサービスもあります。Azureではこのようなサービスを**グローバル**または**非リージョン**サービスと呼び、Azure AD（Active Directory）[1]などがそれにあたります。グローバルサービスは内部的にマルチリージョン構成であっても、ユーザーは配置リージョンを指定したり、任意のタイミングで切り替えたりはできません。最悪のケースでは、爆発半径は全世界です。

　図1-5に、爆発半径の概念を示します。

図1-5　爆発半径

※1　Azure AD（Active Directory）は、2023年7月に「Microsoft Entra ID」へ名称変更された。**本書では、旧称のAzure AD（Active Directory）で統一している。**

参考文献 https://news.microsoft.com/ja-jp/2023/07/12/230712-azure-ad-is-becoming-microsoft-entra-id/

第1章 すべての要素を冗長化する

✏️ **Memo**　グローバルサービスの冗長化

　「爆発半径は全世界」 などと、事実とはいえ穏やかでないことを書いてしまいました。ではそこに、打つ手や希望はあるのでしょうか。

　打つ手として考えられるのは、マルチクラウドやオンプレミスとの組み合わせです。しかし実際には、容易ではありません。

　たとえば、**CDN**（Content Delivery Network）のマルチクラウド化を考えてみましょう。データベースなどステートフルな役割と比べて、現実的に思えます。しかしサービスが違えば、提供機能が同等でも、インターフェイスや仕様、挙動に差異があるものです。また、有事に気を取られがちですが、日々のコンテンツ更新作業が煩雑になります。

　また、マルチクラウドやオンプレミスとの組み合わせで冗長化するなら、切り替える仕組みが必要です。では切り替える仕組みを、誰が作るのでしょうか。自作して複雑になれば、むしろリスクが増しませんか。内部構造が不可視で構成を指定できない、マネージドな切り替えサービスを使うのであれば、そのサービスの冗長化はどうするのでしょうか。

　このように、同じ役割や機能をマルチクラウド、オンプレミスに分散して冗長化するというアプローチは、簡単ではありません。ちなみに筆者は、アプリケーションごとに適した環境を選ぶマルチクラウド、ハイブリッドクラウドには肯定的です。しかし1つのアプリケーションを冗長化する目的では、お勧めしていません。もちろん、それにかかる労力は環境の差を吸収できる能力にもよりますので、否定はしません。

　一方、1つのクラウドに任せるなら、改善と進化という希望が欲しいですよね。そこで例として、Azureの認証サービスであるAzure ADの取り組みを紹介します。

　Azure ADはAzureだけでなく、Microsoft 365の認証にも使われる、信頼性が求められるサービスです。もちろんAzure ADは複数の地域、データセンターに分散配置、冗長化されています。しかし過去に、ソフトウェアのバグや作業が原因で、サービスを使えなくなったことがあります。

　そこでMicrosoftは、Azure ADから独立したバックアップ認証サービスを作りました。Azure ADはバックアップ認証サービスへ認証のセッションデータを

送りますが、ソフトウェアや運用は独立しています。つまり、論理的な爆発半径が重ならないようにしたのです。**図1-6**にコンセプトを示します。

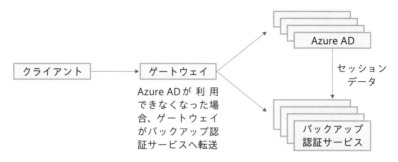

図1-6 Azure ADバックアップ認証サービス

参考文献 Azure ADの耐障害性を高める取り組み

https://jpazureid.github.io/blog/azure-active-directory/advances-in-azure-ad-resilience/

　このような取り組みもあり、2023年2月のサービスレベル実績値は、99.999%でした。公開されている値は小数第3位まで（切り捨て）のため、実際のサービスレベルはそれよりも高いです。

参考文献 Azure Active Directory SLA パフォーマンス

https://learn.microsoft.com/ja-jp/azure/active-directory/reports-monitoring/reference-azure-ad-sla-performance

● サービスレベルの実際

　ここまで、クラウドのコンセプトや仕組みの観点から、障害のパターンや影響範囲を説明しました。では実際に、障害はどれくらいの頻度で起こっているのでしょうか。また、**ダウンタイム**（サービスが利用できない期間）、言い換えれば回復にどれだけの時間がかかるのでしょうか。

　代表的なクラウドサービスは、目標とするサービスレベルを公開しています。加えて、サービスレベルを維持できなかった場合の補償もあります。たとえばAzureは、目標とする月間稼働率をサービスごとに定義しています。そして目標を下回った場合に、稼働率に応じて請求額を差し引きます。これを**サービスレベル**

契約（**SLA**：Service Level Agreements）と呼びます。

参考文献 Service Level Agreements (SLA) for Online Services
https://www.microsoft.com/licensing/docs/view/Service-Level-Agreements-SLA-for-Online-
Services?lang=18

　稼働率は可用性の一般的な数値表現です。ユーザーから見て**使用**できる割合ですので、サービスの特性に応じた算出条件と式があります。Azureでは主に2つのパターンに分類されます。

- **ダウンタイム**：月間稼働率（％）＝（月内時間（分）− ダウンタイム）÷
月内時間（分）× 100
- **エラー率**　　：100% − 平均エラー率

　ダウンタイムを用いる代表的なサービスは、仮想マシンです。Azureではネットワークを通じて仮想マシンに接続できなかった時間をダウンタイムと見なします。

　また、エラー率を用いるサービスには、ストレージがあります。一定時間（執筆時点では1時間）におけるストレージへの読み書き要求に対し、エラーとなった割合を算出します。

　補償があることからわかるとおり、実際の稼働率はSLAで定義された値を下回る可能性があります。しかし、サービスレベルの違反はビジネスに大きな影響を与えるため、クラウドプロバイダはそれを維持できるように設計と実装、運用、そして投資しています。また、プレビューなど試用期間を通じて得た実績値から、現実的なSLAを設定しています。よって、目安としては有用です。

● 複合可用性

　クラウドでアプリケーションを作る際、1つのサービスで完結することはまれで、複数のサービスを組み合わせるケースがほとんどです。アプリケーションを仮想マシンで動かすケースでも、データベースやシークレット管理サービスなど、PaaSとの組み合わせが一般的になりました。いまやIaaS（Infrastructure as a Service）、PaaSというカテゴリの境界線はあいまいです。どちらのカテゴリを使うかではなく、どのサービスを組み合わせるかが重要です。IaaSとPaaSの

使い分けについては、**第7章 マネージドサービスを活用する** p.161 でも述べます。

　したがってアプリケーションのサービスレベルを見積もるには、サービスの組み合わせを加味する必要があります。アプリケーション全体での想定稼働率を算出するのです。本書では、これを**複合可用性**と呼びます。**複合SLA** と表現されることもありますが、SLAという表現は契約と補償の色が濃いため、複合可用性とします。

参考文献 複合SLA

https://learn.microsoft.com/ja-jp/azure/architecture/framework/resiliency/business-metrics#composite-slas

　例を挙げて説明します。Azure App ServiceとAzure SQL Databaseを組み合わせたアプリケーションがあるとします。執筆時点での、それぞれのサービスがSLAで定義する月間稼働率は次のとおりです。

- ●Azure App Service = 99.95%
- ●Azure SQL Database（ゾーン冗長時）= 99.995%

参考文献 App Serviceの概要

https://learn.microsoft.com/ja-jp/azure/app-service/overview

参考文献 Azure SQL Databaseとは

https://learn.microsoft.com/ja-jp/azure/azure-sql/database/sql-database-paas-overview

　図1-7に関係を示します。

図1-7　複合可用性におけるApp ServiceとSQL Databaseの関係

　利用者がアプリケーションを使う際、どちらのサービスも動いている必要があれば、シンプルに掛け算をします。

$$99.95\% \times 99.995\% \fallingdotseq 99.945\%$$

　それぞれの稼働率より、下がりました。SLAが100%のサービスでなければ、組み合わせるサービスが増えるほど、期待できる稼働率は下がっていきます。

　では複合可用性を高める方法はないのでしょうか。もちろんあります。冗長化です。２つパターンがあります。

　１つ目は、**サービス内の冗長化**です。複合可用性の掛け算の因数を改善します。

　それぞれのサービスは、SLAを維持できるように内部で構成要素を冗長化していますが、ユーザーが構成できるオプションもあります。たとえば、Azureの仮想マシンは、複数の仮想マシンで構成するとSLAの稼働率が上がります。単一仮想マシンでは最高99.9％（ディスク構成で変化）ですが、AZを分け複数の仮想マシンを配置すると99.99％に上がります。

参考文献　Service Level Agreements (SLA) for Online Services
https://www.microsoft.com/licensing/docs/view/Service-Level-Agreements-SLA-for-Online-Services?lang=1

　そして２つ目は、**サービスの冗長化**です。同じサービスを複数組み合わせるのです。具体的には、同じサービスを複数のリージョンに分散配置します。いわゆる**マルチリージョン構成**です。

　マルチリージョン構成は、次の２つが検討ポイントです。

- リージョンに属するサービスの、リソースとオペレーションが独立しているか
- リージョンに属さないグローバルサービスの、稼働率はどれだけか

　たとえばAzureでは、リージョンに属するサービスは、使用するリソース（**データプレーン**）とそれを管理する仕組み（**コントロールプレーン**）がリージョンごとに独立しています。つまり同じサービスでも、独立した要素と見なせます。たとえば、東日本リージョンのApp Serviceと、西日本のApp Serviceの稼働率は、実体が別のサービスとして計算できます。

Memo コントロールプレーンとデータプレーン

コントロールプレーンとデータプレーンは、クラウドやSDN（Software Defined Networking）のような、ソフトウェアでリソースを制御する基盤で一般的に使用される用語です。「プレーン（plane）」は平面や次元という意味を持ち、異なる目的や特性を持つものを分離する概念として用いられます。

コントロールプレーンとデータプレーンを分離することで、それぞれの目的や特性、多様なリソースに合わせた実装や運用ができます。さらに、セキュリティ上の利点もあります。コントロールプレーンとデータプレーンは、それを操作する人や組織、アプリケーションも分かれているケースが多いからです。

Azureでもコントロールプレーンとデータプレーンは分離されています。コントロールプレーンの操作は、Azure Resource Manager APIを通じて行います。一方でデータプレーンの操作は、各リソースが持つインターフェイスを利用します。

例があると理解しやすいでしょう。Azureの公式ドキュメントでは、次のような例が挙げられています。

- コントロールプレーンを使用して仮想マシンを作成します。仮想マシンを作成した後は、リモートデスクトッププロトコル（RDP）などのデータプレーン操作を通じて、仮想マシンと対話します。

- コントロールプレーンを使用してストレージアカウントを作成します。ストレージアカウント内のデータの読み取りと書き込みを行うには、データプレーンを使用します。

- コントロールプレーンを使用してCosmosデータベースを作成します。Cosmosデータベースのデータに対してクエリを実行するには、データプレーンを使用します。

出典 Azure コントロールプレーンとデータプレーン
https://learn.microsoft.com/ja-jp/azure/azure-resource-manager/management/control-plane-and-data-plane

第1章 すべての要素を冗長化する

　一方でグローバルサービスには、この考え方が使えません。代表例はAzure Traffic Managerです。Azure Traffic Managerは複数のリージョンにトラフィックを誘導し、可用性の向上や遅延の短縮を実現するサービスですが、特定のリージョンに属していません。リソースは複数のリージョンに配置されていますが、有事にユーザーが切り替えることはできません。

　それぞれのリージョンに複合可用性99.85%のアプリケーションを配置し、Azure Traffic Managerでトラフィックを誘導するケースを例に考えてみましょう。図1-8に考え方を示します。

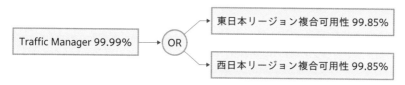

図1-8　複合可用性におけるマルチリージョン構成の考え方

　それぞれのリージョンは独立しているため、どちらかのリージョンが動いていれば、アプリケーションは利用できます。よって、同時に利用できなくなる確率を求め、1（100%）からそれを引けばよいですね。リージョンごとの複合可用性をN、リージョン数をRとすると、次のように算出できます。

$$((1 - N)^R)$$

　リージョンごとの複合可用性が99.85%、2リージョン構成とすると、この時点での複合可用性は99.999775%です。

$$((1 - 0.9985)^2) = 0.99999775 \fallingdotseq 99.999775\%$$

この値にAzure Traffic ManagerのSLAを乗じます。

$$99.999775\% \times 99.99\% \fallingdotseq 99.99\%$$

グローバルサービスが、支配的な要素であることがわかります。

● 冗長化がすべてではない

ところで、算出した複合可用性を、ダウンタイムに変換するとどうなるでしょうか。**表1-3**に、SLAごとの許容されるダウンタイムを整理しました。

表1-3 SLAとダウンタイム

SLA	週あたりのダウンタイム	月あたりのダウンタイム	年あたりのダウンタイム
99%	1.68時間	7.2時間	3.65日
99.9%	10.1分	43.2分	8.76時間
99.95%	5分	21.6分	4.38時間
99.99%	1.01分	4.32分	52.56分
99.999%	6秒	25.9秒	5.26分

Azure、AWS、Google Cloudなど代表的なクラウドサービスでは、SLAに月間稼働率を採用しています。そして、99.99%を超えるサービスは少数で、99.99%以下が一般的です。たとえば執筆時点で、仮想マシンサービスのSLAは3クラウドサービスのいずれも99.99%（AZ構成時）です。

おそらく月間99.99%と言われても、ピンとこないでしょう。一方で月間4.32分のダウンタイムと聞くと、少し不安になるのではないでしょうか。しかも、そのレベルの複合可用性であっても、マルチリージョン構成でようやく実現できるのです。

しかし、クラウドサービスを利用したアプリケーションで、それだけのダウンタイムを感じさせないものは多くあります。たとえば、Microsoft 365やXboxなど、Microsoftの主要なオンラインサービスでAzureが使われています。AWSやGoogle Cloudも著名な電子商取引、決済サービスなど、ビジネスや社会を支えるサービスの基盤として多くの実績があります。障害が発生することはありますが、毎月4分半止まっている、とは感じないのではないでしょうか。マルチリージョン構成かはさておき、何かしら理由があるはずです。

理由は大きく2つあります。まず、**必ずしもSLAの額面通りには運用されていません。**許容されたダウンタイムはサービス提供者目線で**エラーバジェット**とも呼ばれ、メンテナンスや機能変更のリスクをとれる時間です。しかしユーザー体験を考えると、乱用はできません。

そして2つ目の理由です。**アプリケーションが、ユーザーに障害を感じさせない、もしくは緩和する工夫をしているのです。**複合可用性は、あくまでサービスとその冗長化の目安です。そこで動くアプリケーションには、ほかにもできることがあります。

なお、99.99%を超える世界では、人が手作業で復旧するという選択肢はありません。つまり工夫とは、自己復旧できるアプリケーションを作ることを意味します。**第2章 自己復旧できるようにする** p.041 で解説します。

✏️ **Memo** オンプレミスでの可用性

「オンプレミスで可用性はファイブナイン（99.999%）だったのに」。クラウドサービスの複合可用性の計算後、よく耳にするコメントです。しかしおそらく、それはフェアな比較ではありません。

筆者にも経験がありますが、オンプレミスのIT基盤では、次のような条件で可用性を算出していました。

- 月間ではなく年間
- 実績値ではなく、設計時の理論値
- ソフトウェアは対象外
- 計画停止は対象外
- 多重障害はないものとする

クラウドと比較するなら、条件を合わせてみてください。それでも、ファイブナインは達成できそうでしょうか。

● 目標決定と見直しのサイクル

多くの利害関係者が関わるビジネスにおいて、定量化は重要です。動くアプリケーションがない段階でも、可用性の期待値を求められることがあるでしょう。たとえば、予算を決めるタイミングです。冗長化にはコストがかかるため、得られる可用性は定量的に表現すべきです。

冗長化による複合可用性の算出は、アプリケーションが動いていない段階でも可能です。構成要素と組み合わせが決まればよいからです。まず複合可用性を期待値とし、利害関係者と合意しましょう。これが机上での可用性の目標、ベースラインになります。

そして開発が進むと、実測が可能になります。リクエストに対してエラーが発生している時間、エラー率など利用者目線の指標も計測できます。得られた実績値をもとに、改善の要否を議論できるようになるのです。本番運用に至り十分なデータを収集できたら、机上の複合可用性から、実績値の評価へ移行すべきでしょう。なお、**たまたま**得られたよい実績値に縛られないよう、定期的な締め処理や利用ピークなど、リスクの高いイベントを含んだ期間のデータを評価対象にしてください。

図1-9に、合意から始まる目標のライフサイクルを示します。

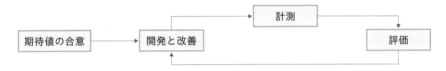

図1-9 目標のライフサイクル

開発、テスト期間のみならず本番運用でもこのサイクルを回すことで、改善にかかる予算も議論しやすくなります。

なお、このような目標を**SLO**（Service Level Objective）、計測指標を**SLI**（Service Level Indicator）と呼ぶこともあります。前述のとおり、SLAという表現は契約と補償の色が濃いため、利害関係者の目標共有が目的であれば、SLOのほうが使いやすいでしょう。また、SLAを維持すべき値、SLOを目指す値とすることもあります。これらの指標については、**第10章 ビジネスニーズを忘れない** p.217 でも触れます。

第1章 すべての要素を冗長化する

推奨事項

❀ ビジネス要件を考慮する

　アプリケーションに冗長性を組み込むと、コストと複雑さが増します。たとえば、複数リージョンへのデプロイは、単一リージョンへのデプロイよりもコストがかかり、管理も複雑です。手動でフェイルオーバーとフェイルバックを行うのであれば、判断する体制とプロセス、切り替え手順の確立はもちろん、訓練も必要です。

　本章のタイトルは、すべての要素を冗長化**する**、です。しかし、冗長化で増えるコストと複雑さが妥当であるかは、**ビジネス要件**で判断します。すべての要素を冗長化**できる**能力を身につけつつ、ビジネス要件に合わせて要否を決めてください。

　なお目標の議論と合意には、具体的な数値が有用でしょう。ぜひ複合可用性を活用してください。**第10章 ビジネスニーズを忘れない** p.217 も参考になるはずです。

❀ 仮想マシンを負荷分散サービスの内側に配置する

　仮想マシンを冗長化しトラフィックを分散するためには、**負荷分散サービス**を使います。仮に仮想マシンが使用できなくなった場合、負荷分散サービスは残りの正常な仮想マシンにトラフィックを分散します。

　たとえば、Azureには**表1-4**に挙げる、目的に応じた複数の負荷分散サービスがあります。どのサービスを使うかは、2つの判断ポイントで決定します。

- マルチリージョンへの分散か、リージョン内に閉じるか
- 分散対象のトラフィックはHTTP（S）か

表1-4　Azureの負荷分散オプション

サービス	グローバル／リージョン	トラフィックタイプ
Front Door	グローバル	HTTP (S)
Traffic Manager	グローバル	非HTTP (S)
Application Gateway	リージョン	HTTP (S)
Load Balancer	リージョン	非HTTP (S)

　複数の負荷分散サービスを組み合わせることもあります。リージョンへの転送は Azure Traffic Managerを、リージョン内ではAzure Application Gateway を使う組み合わせなどです。

参考文献　負荷分散のオプション

https://learn.microsoft.com/ja-jp/azure/architecture/guide/technology-choices/
load-balancing-overview

　なお、仮想マシンの増減やメンテナンスなどの変化、変更に強いシステムを目指 すならば、どの仮想マシンがトラフィックを受け取ってもよい作りにすべきです。 つまり、仮想マシンに閉じたデータや状態を持つべきではありません。

　典型例がWebアプリケーションのセッション情報です。**図1-10**のように、 セッション情報はRedisなどのセッションストアに格納し、仮想マシン間で共有 しましょう。いわゆるセッションアフィニティ／スティッキーセッションに依存し た作りはお勧めしません。変化、変更に弱くなります。これは仮想マシンに限ら ず、PaaS上のWebアプリケーションでも同様です。

図1-10　変化に強い負荷分散構成

　ところで、Azure Application Gatewayなど接続のドレインが可能なサービ スは、転送先の仮想マシンのメンテナンスに役立ちます。接続のドレインを有効に すると、仮想マシンの除外時に新規リクエストの転送は停止しますが、指定した時

間は接続を維持します。つまり、すでに仮想マシンへ送られたリクエストの完了を待てます。

✳ PaaSでも冗長化を意識する

PaaSはSLAに応じた回復性を備えていますが、その内部構造は不可視です。しかし、ユーザーが指定して冗長化できる要素もあります。たとえばAzure App Serviceは、インスタンス（実体は仮想マシン）数が3以上の場合、複数のAZへのインスタンス分散が可能です。インスタンス数は処理能力の向上だけでなく、可用性の観点でも意識しましょう。

参考文献 Azure Azure App Serviceの信頼性
https://learn.microsoft.com/ja-jp/azure/availability-zones/migrate-app-service

✳ データストアをパーティション分割する

第5章 分割して上限を回避する `p.113` で解説しますが、データストアのパーティション分割やシャーディングは、主に性能向上のために使われます。加えて、可用性向上にも有効です。あるパーティションを担当するノードがダウンしても、それ以外のパーティションには引き続きアクセスできるからです。

しかし、可用性向上のためだけにパーティション分割やシャーディングを行うのは過剰です。あくまで性能向上の手段だが、可用性の観点でも恩恵を受けられる、と考えるとよいでしょう。

✳ データを複製（レプリケート）する

データや状態を持つ構成要素では、それが実行される仮想マシンやプロセスの冗長化だけでなく、データの複製と分散配置も考慮点です。データベースが代表例です。バックアップとは別に、データを継続的に複製しておけば、より短時間で、障害発生時点に近い復旧を期待できます。

Azure SQL Database や Azure Cosmos DB など、多くの PaaS はデータ複製機能を有します。ストレージの複製機能を使う、複数のストレージに読み書きするなど、サービスの特性に合わせた仕組みが組み込まれています。データ複製の仕組みを作り込んで運用する負担は大きいため、PaaS をうまく活用してください。

仮想マシンを使う場合には、Microsoft SQL Server の Always On 可用性グループなど、複製機能を有するソフトウェア、オプションを検討しましょう。

✸ Geo レプリケーションを有効にする

マルチリージョンでの冗長化が必要であれば、リージョン間でのデータ複製方式を検討します。Azure ではリージョン間複製を **Geo レプリケーション** と呼び、Azure SQL Database や Azure Cosmos DB など、Geo レプリケーション機能を提供するサービスもあります。

Geo レプリケーションを有効にすると、1 つ以上のセカンダリリージョンに、読み取り可能なレプリカが作られます。読み書きが可能なプライマリリージョンは 1 つです。障害発生時はデータストアをセカンダリリージョンへフェイルオーバーし、読み書きを回復できます。

なお、Azure Cosmos DB など複数のリージョンで書き込みが可能なサービスもあります。ただし強い整合性を選択できなくなるなど、制約もあります。マルチリージョンにおけるデータストア複製の考慮点については、以降の推奨事項でも触れます。

参考文献 Azure Cosmos DB の整合性レベル
https://learn.microsoft.com/ja-jp/azure/cosmos-db/consistency-levels

✸ RTO と RPO を意識する

複合可用性はクラウドサービスの可用性を想定するのに有用です。ですが、障害発生時にアプリケーションとして **切り替え、復旧する** 時間はそこに含まれません。

　また、切り替えには負の影響があります。主にはデータ損失です。切り替え先に複製できたデータからしか復旧はできません。よって複製のタイミングによっては、失われるデータがあります。

　そこで可用性とは別に、復旧の**許容できる**目標を意識して設計しましょう。次の2つの目標が役に立ちます。

- **目標復旧時間**（**RTO**：Recovery Time Objective）
- **目標復旧時点**（**RPO**：Recovery Point Objective）

障害発生との関係を**図1-11**に示します。時間の流れは左から右です。

図1-11　RTOとRPO

　RTOは、障害発生を検知してから、対処内容と担当者を決定し、復旧作業に要する時間です。冗長化と自動化で短くできます。**平均復旧時間**（**MTTR**：Mean Time To Repair/Recovery）と似ていますが、RTOは平均ではなく**許容できる時間**を表します。

　RPOは、どの時点のデータを復旧したいか、言い換えればどれだけのデータ損失を許容するかを示します。データ複製方式や機能に依存し、強い整合性を持つ方式ではRPOはゼロ、つまりデータ損失はありません。たとえば、Azure Cosmos DBで整合性レベルをStrongにすると、マルチリージョン構成であってもRPOはゼロです。

> **参考文献** Azure Cosmos DBを使用して高可用性を実現する - リージョンの停止
> https://learn.microsoft.com/ja-jp/azure/cosmos-db/high-availability#region-outages

　一方、定期的なバックアップデータをリージョン間で複製する場合には、複製できたバックアップの時点に戻ります。つまり、そのバックアップから障害発生時点までに更新されたデータは失われます。

　どのような構成であってもRTOとRPOは重要な検討要素ですが、特に意識す

べきはマルチリージョン構成においてです。リージョン間の遅延によって、複製の制約事項が増えるからです。

　RTOを短く、RPOを近くするにつれて、かかるコストは大きく、実装と運用は複雑になりがちです。ビジネス要件に従うべきではありますが、現実的な落としどころを議論してください。**第10章 ビジネスニーズを忘れない** p.217 でも述べます。

✱ フロントエンドとバックエンドのフェイルオーバーを同期する

　マルチリージョンで**アクティブ／スタンバイ**構成のアプリケーションを作るとします。シンプルな構成例を**図1-12**に示します。

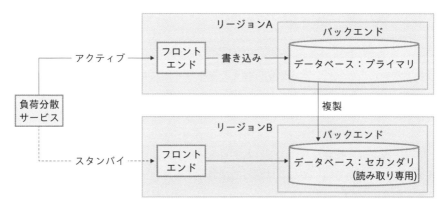

図1-12　マルチリージョン　アクティブ／スタンバイ構成の例

　Azure Traffic Managerなど負荷分散サービスを使い、平常時はトラフィックをリージョンAに送ります。そして、障害時は転送先をリージョンBのフロントエンドに切り替え、つまり**フェイルオーバー**します。

　しかしこの際、バックエンドのデータベースもプライマリとセカンダリを切り替えなければいけません。**図1-13**に示すように、セカンダリでは書き込みができないからです。

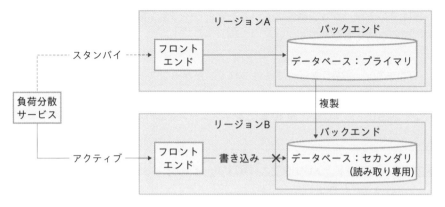

図1-13　フロントエンドのみフェイルオーバーすると生まれる問題

　フロントエンドの切り替えだけが注目されがちですが、バックエンドのフェイルオーバー手段、タイミングも忘れずに検討してください。

　Azure SQL DatabaseやAzure Cosmos DBなど、プライマリ、セカンダリを指定することなく、透過に切り替えできるサービスもあります。共通の識別子で接続し、サービスが使えなくなった場合には、自動で別リージョンへ接続が切り替わります。

　広域災害では、社会レベルの混乱もありえます。人間が判断、操作できないケースを想定し、自動で切り替わる仕組みも検討してください。

　また、自動フェイルオーバーできるサービスでも、ユーザーが任意のタイミングで切り替えられるかを確認しましょう。**クラウドサービスの判断より早く切り替えたい**、というケースがあるからです、また、任意のタイミングで切り替えられれば、テストしやすいという利点もあります。

★ アクティブ／アクティブなマルチリージョン構成を検討する

　マルチリージョン構成には、アクティブ／スタンバイだけでなく、**すべてのリージョンをアクティブにする（アクティブ／アクティブ）**という戦略もあります。わかりやすいメリットは、リソースの有効活用です。また、利用者からの要求をネットワーク的に近いリージョンへ誘導すれば、応答時間を短縮できます。ほかにも、

常にすべてのリージョンを使うことで**いざというときに切り替わらない**リスクを緩和できるなどの利点があります。

　アクティブ／アクティブ戦略での考慮点は、データベースやセッションストアなどのデータストアです。次のような条件をすべて満たすデータストアがあればよいのですが、現状では筆者の知る限り存在しません。よって、いずれかの優先度を下げる必要があります。

- すべてのリージョンに複製される
- すべてのリージョンで書き込みできる
- 遅延が小さい
- 強い整合性を選択できる（データが更新されたら、その内容をほかのリージョンですぐに取得できる）
- データ構造が柔軟である（リレーショナル、構造化データから非構造化データまで）
- 操作に特別な実装や構文は不要で、一般的なプログラミング言語、ライブラリ、フレームワークから利用できる
- 機能とコストが過剰（オーバーキル）にならない

シンプルな実装例を**図1-14**に示します。この例では次のような技術的決定をしました。

- セッションストアは複製しない
- 負荷分散サービスは、クライアントからネットワーク的に近いリージョンへトラフィックを誘導する
- 平常時、クライアントからのリクエストは同じリージョンに誘導されるため、同じセッションストアを使える
- 障害発生による別リージョンへの誘導時、セッションストアが変わることは受け入れる
- すべてのリージョンの書き込みは、1つのプライマリデータベースに集約する
- セカンダリリージョンでの、データベースアクセス遅延の増加は受け入れる（反面、クライアントによってはアクティブ／スタンバイ構成よりフロントエンドへの遅延は小さくなる）
- 障害発生時のフェイルオーバーは、アクティブ／スタンバイ構成と同様とする

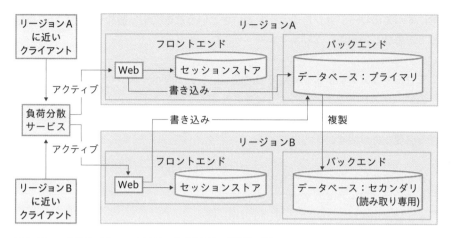

図1-14　マルチリージョン　アクティブ／アクティブ構成の例

　この実装例は、Azure Traffic Managerなど、ネットワーク的に近いエンドポイントへ誘導する負荷分散サービスを使って実現できます。Azure Traffic Managerでは、**パフォーマンスルーティング**と呼ばれる方式です。重み付けや均等分散などほかのルーティング方式もありますが、利用者の状態を意識するアプリケーションでは、転送するリージョンが頻繁に変わる**行ったり来たり**の影響を考慮してください。セッションストアが変わると再ログインが必要になるなど、利用者体験に影響します。状態を意識するアプリケーションでは、平常時はできる限り同じリージョンへ転送する方式をお勧めします。

参考文献　Traffic Managerのルーティング方法
https://learn.microsoft.com/ja-jp/azure/traffic-manager/traffic-manager-routing-methods

　なお、マルチリージョンで書き込みできるデータベース、セッションストアが一般化すれば、アクティブ／アクティブ構成の難易度は下がります。先述のとおり現状では何かをあきらめる必要がありますが、活発に研究開発と投資が行われている領域であるため、期待しましょう。**第8章 用途に適したデータストアを選ぶ** p.181 でも触れます。

✹ 正常性エンドポイントを実装する

　アクティブ／スタンバイとアクティブ／アクティブ、どちらのマルチリージョン構成でも、アプリケーションの正常性を外部から検証できるエンドポイント（**正常**

性エンドポイント）を実装します。負荷分散サービスが異常なリージョンを検知し、正常なリージョンのみへトラフィックを転送できるようにするためです。Azureの負荷分散サービスでは、トラフィックの転送先の正常性を検証する機能を**プローブ**と呼びます。

参考文献 正常性エンドポイントの監視パターン
https://learn.microsoft.com/ja-jp/azure/architecture/patterns/health-endpoint-monitoring

　正常性エンドポイントは、マルチリージョン構成に限らず、トラフィックを送る先の正常性を確認するケースで広く有用です。例を挙げると、Azure App ServiceやKubernetesは内部に負荷分散とヘルスチェック機能を持ちます。

　具体的には、Azure App ServiceやKubernetesのヘルスチェック機能は、アプリケーションが動くインスタンス（仮想マシンやコンテナ、プロセス）にある正常性エンドポイントを検証します。ヘルスチェックに失敗した場合、たとえば次のように対処します。

- ●インスタンスをトラフィック転送の対象から除外する
- ●回復のためにインスタンスを再起動、再作成する

　ちなみにKubernetesでは、それぞれをReadiness Probe、Liveness Probeという別のプローブとして利用できます。またKubernetesにはStartup Probeという、起動の完了をチェックするプローブもあります。Startup Probeの実行中はLiveness Probeの対象から除外されるため、起動に時間のかかるコンテナの再作成を回避できます。

参考文献 Liveness Probe、Readiness ProbeおよびStartup Probeを使用する
https://kubernetes.io/ja/docs/tasks/configure-pod-container/configure-liveness-readiness-startup-probes/

✱ 正常性エンドポイントの実装戦略

　正常性エンドポイントの実装戦略は、いくつかあります。**表1-5**に挙げます。

表1-5 正常性エンドポイントの実装戦略

戦略	概要	エンドポイントの実装例
死活	基本機能の死活を監視	シンプルにHTTPステータスコード200を返す
浅い	致命的な機能をチェック	ファイルの読み書きが可能かを確認
深い	依存サービスもチェック	データベースに接続
網羅的	複数の依存サービスをチェック	データベースと外部APIへ接続

たとえば、/healthへのHTTP GETを処理するリクエストハンドラを作り、その中で実装します。Azure Traffic Managerなど負荷分散サービスからのHTTPプローブを受信し、成功すればステータスコード200を、失敗すれば500を返すようにします。図1-15がそのイメージです。

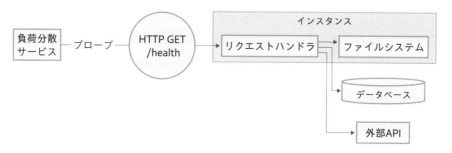

図1-15 正常性エンドポイントと関連要素

唯一の正解はありませんが、依存サービスが使えないことで自身の機能を提供できなくなるなら、依存サービスも検証することをお勧めします。なお、依存サービスを検証する場合は負荷軽減のため、正常性チェックを軽量に、短時間で完了できるよう工夫してください。非同期、並行で行うのは1つのアイデアです。また、悪用されないよう、可能な限り正常性エンドポイントは特定のシステム、サービスにのみ公開するか、認証してください。

参考文献 ASP.NET Coreの正常性チェック
https://learn.microsoft.com/ja-jp/aspnet/core/host-and-deploy/health-checks

では正常性検証に限らず、データパスのリクエストも含め、全体像を図1-16に整理します。Azure App ServiceやKubernetesのように、内部に負荷分散、ヘルスチェック機能を持つ基盤をアプリケーションのフロントエンドに利用したケースを想像してください。また、アプリケーションの可用性など、サービスレベルを外部から監視するケースも加味しています。

　なお、図をシンプルにするため、データパスは「/」に対するHTTP GETのみ
で表現してします。また、負荷分散サービスの転送先を1つのフロントエンド基
盤に絞って表してしますが、実際には**分散、冗長化要件によって転送先は複数あ
る**、と意識して見てください。

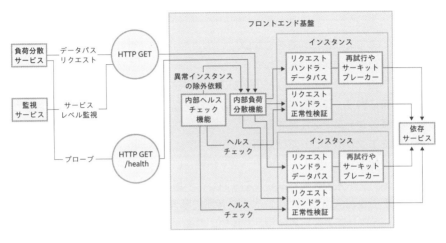

図1-16　複数の正常性エンドポイント

　このように、内部構造やデータパスを加味して整理すると見えてきますが、正常
性エンドポイントの実装には、いくつかの注意点があります。

- ●ヘルスチェックも負荷分散される
  - たとえば、負荷分散サービスからのプローブは、フロントエンド基盤内部
    の負荷分散機能で振り分けられることがある
  - 基盤内部のヘルスチェック機能は、異常なインスタンスを検出すると除外
    や回復を試みるが、一時的に負荷分散サービスのプローブにはエラーが
    返る
  - つまり負荷分散サービスのヘルスチェックが失敗した場合でも、リージョ
    ンやアプリケーション、サービス全体の障害ではなく、一部のインスタン
    スだけの障害という可能性がある
- ●正常性エンドポイントのリクエストハンドラが問題の引き金を引くこともある
  - 正常性を検証するリクエストハンドラに不具合があると、すべてのインス
    タンスが負荷分散対象から除外されたり、再起動されたりする恐れがある
  - また、データパスのリクエストハンドラに実装した再試行ロジックやサー
    キットブレーカーで回復を試みている間に、インスタンスが除外された

り、再起動されたりする恐れもある

- 再試行やサーキットブレーカーは**第2章 自己復旧できるようにする** p.041 で解説

よって、正常性エンドポイントの実装では、以下を考慮してください。

- ●異常であると拙速に判断をしない
  - プローブの間隔を短くしすぎない
  - プローブの失敗回数など、判断のしきい値を小さくしすぎない
  - 特に別リージョンへのフェイルオーバーなど、切り替える手順や考慮点が多いケースでは注意する
- ●正常性エンドポイントだけに頼らない
  - 理想的であっても、複雑でテストが難しい場合は、実装しない
  - データパスの実装と合わせて検討し、矛盾、競合しないようにする
  - データパスのサービスレベルや各構成要素のメトリックも監視するなど、ほかの仕組みも組み合わせて検知、回復する
- ●フェイルオープンを考慮する
  - 同時に多くのインスタンスが異常と判断された場合には、正常性を検証する仕組みの不具合も疑う
  - すべてのインスタンスを除外しないように、上限を設定する
  - もしくは、負荷分散の対象から除外したインスタンスを、対象に戻す
  - 失敗時に開放するため、フェイル**オープン**と呼ぶ

参考文献　正常性チェックを使用してApp Serviceインスタンスを監視する
https://learn.microsoft.com/ja-jp/azure/app-service/monitor-instances-health-check?tabs=dotnet

---

✻自動フェイルオーバーを使用するが、フェイルバックは手動で行う

　Azure Traffic Managerなど、自動でフェイルオーバーできる仕組みを使う場合、自動フェイルバックの要否は慎重に判断してください。主リージョンが完全に正常な状態に戻っていないにもかかわらず、切り戻ってしまう可能性があるからです。正常性エンドポイントが依存サービスの状態を検証していない場合に起こりがちです。すべてのサービスが正常であることを確認してからフェイルバックして

ください。また、データストアによっては、フェイルバックの前に、データの一貫性チェックが必要になる場合があります。場合によっては、人が判断し、手動でフェイルバックしたほうがよいでしょう。

たとえば、Azure Traffic Managerで手動フェイルバックを実現するには、フェイルオーバー後に主リージョンへの転送を無効化、つまり対象から外します。そして、正常な状態を確認できたら、再び有効にします。この手順で、自動フェイルバックを抑制できます。

ところで、エンドポイントを監視するプローブの間隔が短い場合、フェイルバックの判断も短時間で行われる可能性があります。つまり、自動フェイルバックを抑制すべく無効化する前に、フェイルバックしてしまう恐れがあるのです。たとえば、Azure Traffic Managerは、エンドポイントの異常時にプローブを続け、成功したら回復したと見なし、フェイルバック可能と判断します。プローブの間隔が短いと、手動での無効化は間に合わない恐れがあります。

参考文献 Traffic Managerエンドポイントの監視
https://learn.microsoft.com/ja-jp/azure/traffic-manager/traffic-manager-monitoring

これを避けるには、プローブへ拙速に成功レスポンスを返さないよう、前の推奨事項で解説したとおり十分なチェックを行うよう正常性エンドポイントを実装します。もし正常性エンドポイントでサービスが完全に回復したと検証できるのであれば、自動でフェイルバックしてもよいでしょう。

なお、**図1-17**のように、フェイルオーバー時に自動で主リージョンへの転送を無効化するイベントハンドラを作り、自動フェイルバックを防ぐという手もあります。このようなイベントハンドラの作り方については**第7章 マネージドサービスを活用する** p.161 であらためて触れます。

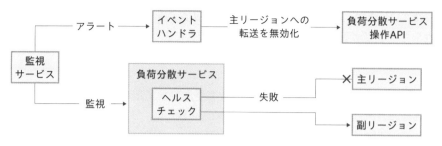

図1-17　負荷分散サービスの転送を無効化するイベントハンドラ

🌸 負荷分散サービスの冗長性を確保する

　Azure Traffic Managerなど、グローバルな負荷分散サービスが障害点にな
る可能性はあります。サービスのSLAを確認し、ビジネス要件を満たすかを確か
めてください。満たせない場合は、別の負荷分散サービスへのフォールバック（縮
退運転）を検討してください。**図1-18**のように、負荷分散サービスで障害が発生
した場合は、ほかの負荷分散サービスを参照するようにDNSのCNAMEレコード
を変更します。

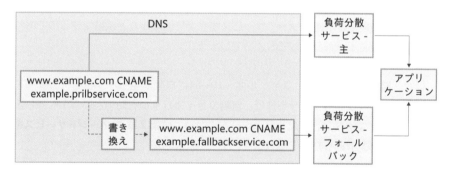

図1-18　負荷分散サービスのフォールバック

🖊 **Memo** 静的安定性

静的安定性（Static Stability）という言葉があります。分野によって異なりますが、クラウドではAWSによる定義が著名です。

What this term means is that systems operate in a static state and continue to operate as normal without the need to make changes during the failure or unavailability of dependencies.

筆者訳 この言葉は、システムが静的な状態で動作し、依存関係の障害や利用できない場合に変更を加える必要なく、通常通り動作し続けることを意味します。

出典 Static stability
https://docs.aws.amazon.com/whitepapers/latest/aws-fault-isolation-boundaries/static-stability.html

　障害時に復旧用のリソースを動的に作成や変更するのではなく、事前に準備しておくことで静的安定性は向上します。クラウドでは一般的に、リソースの作成や変更はコントロールプレーンを通じて行いますが、可能な限りそれを避けるわけです。その理由は、端的に説明されています。

コントロールプレーンシステムは、必然的にデータプレーンのシステムよりも複雑であり、システム全体に障害が発生した場合に正しく動作しない可能性が高くなります。

出典 アベイラビリティーゾーンを使用した静的安定性 - The Amazon Builders' Library
https://aws.amazon.com/jp/builders-library/static-stability-using-availability-zones/

　これはAWSに限らず、Azureも同様です。たとえば仮想マシンを作成するには、数あるサーバ群から仮想マシンの配置先を決定し、仮想ネットワークへの参加とアクセスポリシーを設定し、ディスクを割り当てます。仮想マシンを作成するAPIが1つであっても、コントロールプレーンの内部で仮想マシン、ネットワーク、ストレージなどリソースごとのサブシステム（リソースプロバイダ）が連動する、単純とは言えない仕組みです。

　また、データセンターやAZの障害など多くのユーザーが影響を受けるケースでは、コントロールプレーンの操作量は急増し、リソースの利用率も高まります。つまり失敗する可能性も高まります。よって可用性の観点では、コントロールプレーンの操作なしに継続して動く仕組みが理想的です。

　しかし、事前に、常にリソースを準備しておくことは、コスト増につながります。これはクラウドサービスの「必要なときに、使った分だけ支払えばよい」という価値には反します。求める可用性と、かけられるコストを踏まえて判断する必要があります。

　また、障害時のコントロールプレーン操作を完全に否定すると、選択肢が狭まります。人間が判断し、コントロールプレーンを通じて切り替え、切り戻したいケースはあるでしょう。ちなみに、ユーザーからはデータプレーンで切り替えているように見えても、内部でコントロールプレーンが関与していることもあります。たとえば、DNSレコードを自動的に書き換えてフェイルオーバーするサービスでは、その操作は内部でサービスのコントロールプレーンが行っている場合があります。それをコントロールプレーンの操作であることを理由に選択肢から外すのはナンセンスです。「どこまでをコントロールプレーンと定義するか」という、不毛な議論につながりかねません。

　高い可用性が求められるアプリケーションでは、有事におけるコントロールプレーンの操作を可能な限り減らすべきです。ただし、すべてのコントロールプレーンの操作を否定するのは、行き過ぎでしょう。

1-3　まとめ

　本章では、障害からの回復力、可用性を高める手法の基本である、**構成要素の冗長化**について解説しました。特に、クラウドで冗長化が重要な理由や背景の説明に力を入れました。理由や背景がわからないと、時間やコストをかける価値があるか判断できないためです。

　可用性の議論は難しいものです。「求める可用性は100％、でも予算は据え置き」というビジネス要件を耳にしたこともあります。しかし、クラウド化はこれまで避けてきた議論を、前向きに行うきっかけになります。利害関係者とともに、妥当な着地点を模索してください。

第2章

自己復旧
できるようにする

Design for self healing

- ネットワークは信頼できる。
- レイテンシはゼロである。
- 帯域幅は無限である。
- ネットワークはセキュアである。
- ネットワーク構成は変化せず一定である。
- 管理者は1人である。
- トランスポートコストはゼロである。
- ネットワークは均質である。

出典「分散コンピューティングの落とし穴」（2021年10月2日（土）17:14 UTCの版）
　　　『ウィキペディア日本語版』
https://ja.wikipedia.org/wiki/分散コンピューティングの落とし穴

鵜呑みにした人はいませんね。これらは**落とし穴**、よくある誤解です。

　クラウドに限らず分散アプリケーションにおいて、数ある構成要素とそれらをつなぐネットワークの障害は懸念すべきリスクです。**第1章 すべての要素を冗長化する** p.001 で解説したとおり、その契機は、ハードウェアの故障やソフトウェアのバグだけではありません。機能追加や脆弱性対応など、アップデートやメンテナンス作業も原因です。多くは一過性で、短時間待てば回復します。

　一過性の障害は、クラウドの利点を優先した結果とも言えます。一過性の障害を前提に、それを吸収し回復するアプリケーションを作るべきです。

基本的なアプローチ

2-1

　自己復旧するアプリケーションを作るための、3つの基本的なアプローチがあります。

- 障害を検出する
- 障害に適切に対応する
- 障害を記録し、後から検索、分析できるようにする

　当然ながら、障害に気づかなければ、回復できません。障害を検出する仕組みが必要です。すばやく対処するため、アプリケーション自らが検出できるようにします。

　そして検出後は、事象に合わせて対処します。事象によって適切な対処法は異なるため、アプリケーションにはそれを判断できる能力を持たせます。

　また、障害に関する情報を記録し、検索、分析できるようにすべきです。たとえば、ログ、メトリクス、トレースです。

- ●**ログ**　　：システム内で発生したイベントを記録したテキスト
- ●**メトリクス**：特定の時点におけるシステムの状態を数値化したもの
- ●**トレース**　：複数の実行基盤や要素で構成される分散システムにおいて、同じリクエストを関連付け、性能やイベントを追跡する仕組み

参考文献 Azure Monitorデータプラットフォーム
https://learn.microsoft.com/ja-jp/azure/azure-monitor/data-platform

　ログ、メトリクス、トレースは、対処時だけでなく、予防や改善にも役立ちます。仮想マシンなどアプリケーションの実行環境のローカルに保存せず、テレメトリとしてリモートへ集約することをお勧めします。詳しくは**第6章 運用を考慮する** p.129 で説明します。

　なお、クラウドでは、障害が多くの利用者に影響するため、原因の診断よりも、すばやい復旧が好まれます。回復に伴うアプリケーションや基盤の再起動、再作成によって消えてしまわないよう、これらのデータはアプリケーションから独立したデータストアに保存してください。もしくは監視データの検索と分析を支援するマネージドサービスへ転送するとよいでしょう。監視については**第6章 運用を考慮する** p.129 で説明します。

　以降、具体的な推奨事項を紹介しますが、この3つのアプローチは基本として常に意識してください。

2-2 推奨事項

✿ 失敗した操作を再試行する

　一過性の障害から回復する最も代表的な方法は、**再試行**です。アプリケーションに再試行ロジックを組み込みます。筆者の経験でもその効果は大きく、逆に言うと再試行しないアプリケーションは問題が起きやすいです。優先して検討してください。

　図**2-1**に、注文サービスからREST APIを持つ在庫サービスへ問い合わせる例を示します。失敗した場合はエラーロギングと待機の後、再び問い合わせます。

　呼び出す先はユーザーの作るサービスに限りません。クラウドサービスが提供する認証やデータストアなどのサービスも含みます。アプリケーションが機能するために何かのサービスに依存するなら、再試行を考慮してください。

　再試行は実に奥深いテーマです。そこで、代表的なガイドラインをいくつか紹介します。

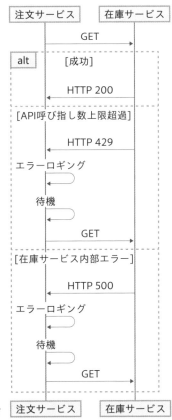

図**2-1**　再試行のイメージ

✴ ゼロから自分で作らない

クラウドサービスが提供するSDKやクライアントライブラリには、一過性の障害に対処できるものが多くあります。実績はもちろんのこと、デフォルト値や指定できるオプション、ポリシーが、対象サービスの性質や要件に合わせて最適化されています。

参考文献 Azureサービスの再試行ガイダンス
https://learn.microsoft.com/ja-jp/azure/architecture/best-practices/retry-service-specific

また、再試行の実装を支援するOSSもあります。.NETのPolly、JavaのResilience4jが著名です。どちらも豊富な機能を持ち、サーキットブレーカー、バルクヘッド、レート制限など、この後で解説する推奨事項もカバーしています。

参考文献 Polly
https://github.com/App-vNext/Polly

参考文献 Resilience4j
https://github.com/resilience4j/resilience4j

経験豊富な開発者であっても、異常系のロジックを書き、テストするのは難しいものです。知見を積み上げた先人とコミュニティに感謝し、活用しましょう。のちほど活用例を紹介します。

✴ 再試行が妥当かを判断する

再試行は、障害が一過性であり、成功する可能性がある場合に限定してください。たとえば、データストアに存在しない項目の更新、致命的なエラーが生じているサービスやリソースへの要求など、無効であることがはっきりしている操作は再試行しても無意味です。

HTTPのステータスコードで考えてみましょう。500や502、503が返ってきたら、一時的な過負荷や切断の可能性があるため、再試行する価値があります。429（Too Many Requests）も、待ってから再試行する意味があるでしょう。しかし400番台には、再試行で解決が期待できないものもあります。

なお、参照ではなく、データを作成、更新するリクエストの再試行は注意が必要

です。のちほど、べき等性のガイドラインの中で解説します。

　また、再試行の判断は呼び出し元に委ねてください。つまり、呼び出される側は丁寧にエラーを返してください。失敗した操作を再試行すべきかどうかを、クライアントが判断しやすいようなエラーコードとエラーメッセージを返しましょう。

　そしてクライアントは、プログラムに限りません。アプリケーションの利用者、つまり人間もクライアントです。人間に判断を委ねたほうがよいケースもあります。

✵ 適切な再試行回数と間隔を決める

　妥当な再試行間隔と再試行回数は、処理によって異なります。

　たとえば、対話式の操作で利用者を待たせたくないケースでは、再試行の間隔を短く、その回数も少なく抑えます。利用者は待たされると不安を感じるものです。コンビニのレジの支払いで長い行列ができているとき、電子マネーの決済で長く待たされたくはないでしょう。一時的に利用できないことを理解できれば、現金で払うなど、利用者は代替手段を選べます。意味不明なエラーメッセージでなく、「失敗したが、コントロールされている」と感じられるメッセージで代替手段を促せば、理解を得られるのではないでしょうか。筆者は、そのようなサービスを信用します。

　また、ユーザーが応答を待機している間はリクエストが滞留し、リソースが解放されません。再試行の対象ではない処理にも影響を与える恐れがあります。

　そこで再試行間隔の決定には、指数バックオフなど**再試行のたびに間隔を増やす**戦略がよく使われます。回復を試みているサービスやリソースへ、不要な負荷を与えないためです。また、同じ間隔で再試行するクライアントが増えることも考慮し、ジッター（ゆらぎ）を加えることもあります。

　なお、際限のない再試行は避けてください。サービスやリソースの回復を妨げ、障害の長期化につながります。頻繁すぎる、また、長時間にわたる再試行は**再試行ストーム**と呼ばれるアンチパターンです。

参考文献 再試行ストームのアンチパターン
https://learn.microsoft.com/ja-jp/azure/architecture/antipatterns/retry-storm/?utm_source=
pocket_mylist

回数に上限を設けるか、のちに紹介するサーキットブレーカーを検討してくださ
い。

✿ ゼロから自分で作らない 実践編

再試行の基本がわかったところで、再試行を支援するSDKやライブラリの構造
と利用例を解説します。具体例で理解を深めましょう。

まずはPollyの例です。HTTPクライアントの生成は、DI（Dependency
Injection）目的で、IHttpClientFactoryを使うことが多いでしょう。その際、
Pollyの再試行ポリシーを組み込めます。**図2-2**に概念を示します。

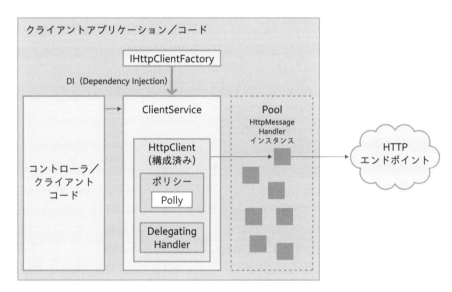

図2-2 IHttpClientFactoryとPolly再試行ポリシーの関係

出典 IHttpClientFactoryを使用して回復力の高いHTTP要求を実装する
https://learn.microsoft.com/ja-jp/dotnet/architecture/microservices/implement-resilient-
applications/use-httpclientfactory-to-implement-resilient-http-requests

第2章 自己復旧できるようにする

　リスト2-1のコードは、BasketServiceというサービス向けにHTTPクライアントを登録する例です。AddPolicyHandler メソッドで、ポリシーを追加します。再試行ポリシーはGetRetryPolicy メソッドで取得しています。

リスト2-1　HTTPクライアントの登録例（C#）

```
// ConfigureServices() - Startup.cs
services.AddHttpClient<IBasketService, BasketService>()
        .SetHandlerLifetime(TimeSpan.FromMinutes(5))  // Set lifetime to five minutes
        .AddPolicyHandler(GetRetryPolicy());
```

　GetRetryPolicy メソッドは、**リスト2-2**のように書きます。

リスト2-2　GetRetryPolicy メソッド（C#）

```
static IAsyncPolicy<HttpResponseMessage> GetRetryPolicy()
{
    return HttpPolicyExtensions
        .HandleTransientHttpError()
        .OrResult(msg => msg.StatusCode == System.Net.HttpStatusCode.NotFound)
        .WaitAndRetryAsync(6, retryAttempt => TimeSpan.FromSeconds(Math.Pow(2, retryAttempt)));
}
```

　HandleTransientHttpErrorは、以下のエラーを再試行の対象とします。

- HTTPステータスコード408（タイムアウト）
- HTTPステータスコード5xx
- HttpRequestException（主にネットワークの問題）

　そしてOrResultで追加の条件を追加できます。サンプルコードではSystem.Net.HttpStatusCode.NotFound、つまりステータスコード404、アクセス先が見つからない場合でも再試行するように指定しています。筆者の経験では、404を再試行対象にするケースは多くありません。しかしメンテナンスや非同期処理など、タイミング的にデータが未作成で一時的にアクセス先が見えないケースで再試行したい場合に価値はあるでしょう。

　また、WaitAndRetryAsyncで、再試行の回数とその間隔を指定しています。サンプルコードは6回再試行する例です。そして再試行間隔をMath.Powで指数関数的に増加させます。最初の再試行は2秒後に、次は4秒後、その次は8秒後……と増やします。

　ほかの再試行の実装例も見てみましょう。Go言語でAzureのAPI操作を支援する、Azure SDK for Goの例です。

　Azure SDK for Goでは、APIを呼び出すHTTPリクエストを、パイプラインを介して行います（**図2-3**）。再試行やロギング、テレメトリは標準のポリシーとしてパイプラインに登録されており、アプリケーション開発者が個別に実装する必要はありません。

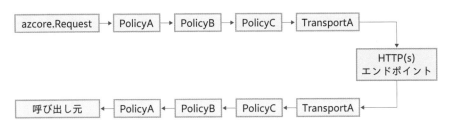

図2-3　Azure SDK for Go HTTPパイプラインフロー

参考文献 Azure SDK for Goの一般的な使用パターン - HTTPパイプラインフロー
https://learn.microsoft.com/ja-jp/azure/developer/go/azure-sdk-core-concepts#http-pipeline-flow

　オプションを指定しない場合、再試行ポリシーはデフォルト値で設定されます。では、指定できるオプションやデフォルト値がどう設定されているかを知るため、SDKのコードを少し深掘りしてみましょう。再試行オプションを保持するRetryOptions構造体は、**リスト2-3**のように定義されています。

リスト2-3　RetryOptions構造体（Go）

```
type RetryOptions struct {
    MaxRetries int32

    TryTimeout time.Duration

    RetryDelay time.Duration

    MaxRetryDelay time.Duration

    StatusCodes []int
}
```

出典 Azure SDK for Go - azcore/policy
https://pkg.go.dev/github.com/Azure/azure-sdk-for-go/sdk/azcore/policy#RetryOptions

第2章　自己復旧できるようにする

RetryOptions構造体のデフォルト値を設定しているsetDefaults関数を確認します（**リスト2-4**）。

リスト2-4 setDefaults関数（Go）

```
const (
    defaultMaxRetries = 3
)

func setDefaults(o *policy.RetryOptions) {
    if o.MaxRetries == 0 {
        o.MaxRetries = defaultMaxRetries
    } else if o.MaxRetries < 0 {
        o.MaxRetries = 0
    }

    // SDK guidelines specify the default MaxRetryDelay is 60 seconds
    if o.MaxRetryDelay == 0 {
        o.MaxRetryDelay = 60 * time.Second
    } else if o.MaxRetryDelay < 0 {
        // not really an unlimited cap, but sufficiently large enough to be considered as such
        o.MaxRetryDelay = math.MaxInt64
    }
    if o.RetryDelay == 0 {
        o.RetryDelay = 800 * time.Millisecond
    } else if o.RetryDelay < 0 {
        o.RetryDelay = 0
    }
    if o.StatusCodes == nil {
        // NOTE: if you change this list, you MUST update the docs in policy/policy.go
        o.StatusCodes = []int{
            http.StatusRequestTimeout,      // 408
            http.StatusTooManyRequests,     // 429
            http.StatusInternalServerError, // 500
            http.StatusBadGateway,          // 502
            http.StatusServiceUnavailable,  // 503
            http.StatusGatewayTimeout,      // 504
        }
    }
}
```

出典 Azure SDK for Go - azcore/runtime
https://github.com/Azure/azure-sdk-for-go/blob/3a7a4f3e6a5e676a2da09147753394b6c44e2d3c/sdk/azcore/runtime/policy_retry.go#L28

デフォルト値が次のように設定されていることがわかります。

- 再試行回数　　　　　　　　：3回
- 再試行間隔　　　　　　　　：800ミリ秒
- 再試行間隔の上限　　　　　：60秒
- 再試行対象のHTTPステータスコード：408、429、500、502〜504

　なおAzure SDK for Goも、再試行間隔を指数関数的に増加させます。ただし、HTTPレスポンスのヘッダにRetry-Afterが指定されている場合、それを優先します。**リスト2-5**のコードが、それを判断する部分です。再試行のたびに判断します。コードは省略しますが、shared.RetryAfterはHTTPレスポンスのRetry-Afterヘッダを取得する関数です。

リスト2-5　再試行間隔の判断ロジック（Go）

```
// use the delay from retry-after if available
delay := shared.RetryAfter(resp)
if delay <= 0 {
    delay = calcDelay(options, try)
} else if delay > options.MaxRetryDelay {
    // the retry-after delay exceeds the the cap so don't retry
    log.Writef(log.EventRetryPolicy, "Retry-After delay %s exceeds MaxRetryDelay of %s", ➡
delay, options.MaxRetryDelay)
    return
}
```

出典 Azure SDK for Go - azcore/runtime
https://github.com/Azure/azure-sdk-for-go/blob/bace0a2c8c5e76d1b1dbb23921fa168a5c7f
ce79/sdk/azcore/runtime/policy_retry.go#L174

　Retry-Afterヘッダに有効な値が設定されていなければ、calcDelay関数で間隔を算出します（**リスト2-6**）。ジッターも加えます。

リスト2-6　calcDelay関数（Go）

```
func calcDelay(o policy.RetryOptions, try int32) time.Duration { // try is >=1; never 0
    pow := func(number int64, exponent int32) int64 { // pow is nested helper function
        var result int64 = 1
        for n := int32(0); n < exponent; n++ {
            result *= number
        }
        return result
    }

    delay := time.Duration(pow(2, try)-1) * o.RetryDelay
```

```
    // Introduce some jitter:  [0.0, 1.0) / 2 = [0.0, 0.5) + 0.8 = [0.8, 1.3)
    delay = time.Duration(delay.Seconds() * (rand.Float64()/2 + 0.8) * float64(time.Second)) ⇒
// NOTE: We want math/rand; not crypto/rand
    if delay > o.MaxRetryDelay {
        delay = o.MaxRetryDelay
    }
    return delay
}
```

出典 Azure SDK for Go - azcore/runtime
https://github.com/Azure/azure-sdk-for-go/blob/bace0a2c8c5e76d1b1dbb23921fa168a5c7f
ce79/sdk/azcore/runtime/policy_retry.go#L60

　これら再試行のオプションを変更したい場合は、**リスト2-7**のように再試行ポリ
シーを含むコンテキストを作り、それを設定してAPIを呼び出します。

リスト2-7　再試行ポリシーを含むコンテキストを作成（Go）

```
ctx := runtime.WithRetryOptions(context.Background(), policy.RetryOptions{
    MaxRetries: 5,
})
```

　再試行の実装を、イメージできたでしょうか。

✿再試行を多層化しない

　ほとんどの場合、再試行の多層化はお勧めできません。たとえば、**図2-4**のよう
にサービスAからサービスBに要求を送り、そこからさらにサービスCに要求を
送るケースを考えてみましょう。再試行回数をそれぞれ3回とした場合、サービス
Cに対しては計9回の再試行が行われます。無駄なだけでなく、過剰な負荷です。

図2-4　再試行の多層化

　とはいえ、呼び出し先のサービスの開発、提供組織が別であれば、再試行回数を
コントロールできないこともあるでしょう。その場合は再試行ストームを回避する
実装と同様、適切な間隔と試行数の上限を設定する、またはのちに紹介するサー
キットブレーカーを検討してください。

✿ べき等にする

　再試行は回復性を高める反面、期待しない処理をしてしまうリスクもあります。わかりやすい例は、「**金融機関への入金処理を誤って2回行ってしまう**」です。怖いですね。**繰り返し操作しても同じ結果になる、べき等性を持つアプリケーション**を設計してください。

　代表的な実装は、リクエストへの識別キーの埋め込みです。リクエストを受けた側がキーをチェックし、すでに処理済み、つまり再試行と判断できれば、データを更新せずに成功レスポンスを返します。

　次のコマンドは、オンライン決済サービスを提供するStripeの、REST APIをcurlで呼び出すサンプルです。Idempotency-Key（**べき等性キー**）に注目してください。

```
curl https://api.stripe.com/v1/charges \
  -u sk_test_4eC39HqLyjWDarjtT1zdp7dc: \
  -H "Idempotency-Key: fWKrzr7KVSt2QIX2" \
  -d amount=2000 \
  -d currency=usd \
  -d description="My First Test Charge (created for API docs at https://www.stripe.com/➡
docs/api)" \
  -d source=tok_mastercard
```

出典 Idempotent Requests
https://stripe.com/docs/api/idempotent_requests?lang=curl

　この例では、べき等性キーは任意の最大255文字の値で、リクエスト元が生成します。キーの衝突を避けるため、Stripeは24時間経過後にべき等性キーを削除し、再利用できるようにしています。また、キーだけでなく、ほかのパラメータも保存、比較し、リクエストが同一であるかを慎重に判断しています。

✿ 記録、追跡する

　本章の冒頭の基本的なアプローチで解説したとおり、再試行を追跡できるようログ、メトリクス、トレースを活用してください。

　なお、ここまで解説したとおり、クラウドで一過性の障害は珍しくありません。

再試行のログレベルはエラーではなく警告がふさわしいでしょう。しかし、再試行の頻度の高まりや回数の増加は、問題の予兆でもあります。運用者が気づけるように、再試行回数の増加を検知するアラートを検討してください。

✤ リモートサービスを保護する（サーキットブレーカー）

　再試行は行うべきですが、解決の見込みがないなら無駄です。それどころか、無用な負荷が解決の妨げになりかねません。加えて、リクエストの滞留がアプリケーション全体に影響します。よって再試行せず、呼び出し元へすぐエラーを返し、状態を伝えたほうがよい場合もあります。この問題の解決には、**サーキットブレーカー**パターンが有用です。

　サーキットブレーカーの概念を、**図2-5**に示します。サーキットブレーカーは、依存サービスを呼び出すロジックに埋め込まれ、依存サービスへのリクエスト可否を判断します。もし依存サービス呼び出しのエラー数がしきい値を超えたら、リクエストにエラーを返します。状態変化と同時にタイマーをセットし、一定時間はエラーを返し続けます。サーキットブレーカーが代理でエラーを返すため、依存サービスの回復を妨害せず、かつリクエストの滞留を防げるというわけです。

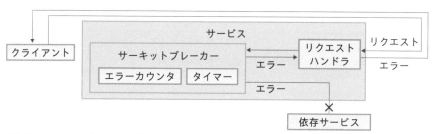

図2-5　サーキットブレーカーパターン

参考文献　サーキットブレーカーパターン
https://learn.microsoft.com/ja-jp/azure/architecture/patterns/circuit-breaker

　サーキットブレーカーは、**図2-6**のように、3つの状態を遷移します。その状態によって、リクエストの受け付けと依存サービス呼び出しをコントロールします。

- ●**クローズ**　　　：正常状態。電気のブレーカーに例えると、回路が閉じており、電流が流れている状態。エラー数が定義した数に達すると、オープン状態

に遷移する。

- **オープン**　　：異常状態。電気のブレーカーでは、回路が開いており、電流は止まっている状態。呼び出し元にはエラーを返す。定義した時間が経過すると、ハーフオープン状態に遷移する。
- **ハーフオープン**：様子見の状態。数を絞ってリクエストを受け付ける。依存サービス呼び出しの成功が定義した基準に達すると、クローズに遷移する。一方でエラー数が基準に達すると、オープン状態に戻る。

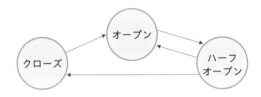

図2-6　サーキットブレーカーの状態遷移

　直感的に「オープン」という言葉からは「リクエスト窓口が開いている」という印象を受けますが、逆です。電気回路の比喩ですので、スイッチが「開いている」状態では、電流は流れません。

　なお、再試行と同様に、ゼロからサーキットブレーカーのロジックを書くことはお勧めしません。クラウドサービスのガイドラインを参考にしたり、広く使われているOSSを活用したりしてください。

> **参考文献**　サーキットブレーカーパターンを実装する
> https://learn.microsoft.com/ja-jp/dotnet/architecture/microservices/implement-resilient-applications/implement-circuit-breaker-pattern

---

✏️ **Memo**　情けは人のためならず

　再試行、サーキットブレーカーと、何かを**呼び出す**側のパターンが続きました。呼び出される側をいかに堅牢に作るかはもちろん、クラウドでは呼び出す側の工夫も重要です。なぜなら、呼び出される側、つまり依存サービスをコントロールできないケースが多いからです。PaaSがわかりやすい例です。また、依存サービスへとつながるネットワークや、依存サービスが依存するサービスの影響も受けます。

　再試行やサーキットブレーカーについてディスカッションをすると、「なぜそんなことをしなければならないのか。呼び出される側の責任ではないのか」という反応が、少なからずあります。心情的には、理解できます。しかし責任の所在を追及したところで、アプリケーションの可用性も、利用者の体験も向上しません。

　一見、再試行やサーキットブレーカーは、依存サービスに対する思いやりや配慮、つまり「情け」のように見えます。しかしそれを実装することで、誰が得をするかを考えてみましょう。それはアプリケーションの利用者です。ひいては、アプリケーションの価値が高まるのです。

✤ リソースの消費や障害を閉じ込める（バルクヘッド）

　障害は局所化し、全体への波及を避けたいものです。この助けになるのが、**バルクヘッド**パターンです。隔壁（バルクヘッド）によって区画が分離された船になぞらえたパターン名です。隔壁は船体が傷ついたときに、水の浸入を破損した部分に限定します。これにより、船が沈むのを防ぎます。

参考文献　バルクヘッドパターン
https://learn.microsoft.com/ja-jp/azure/architecture/patterns/bulkhead

　水の浸入を想像すると、外部から**守る**方法を考えてしまいがちです。しかし、バルクヘッドパターンは、**外に漏れ出ないよう、閉じ込める**イメージに近いです。たとえば、CPUやメモリ、コネクションなどのリソースを過剰に消費しないよう、また、解放漏れや失敗で浪費し続けないよう、制限します。

　バルクヘッドの実装や使われる技術は多様です。たとえば、PollyやResilience 4jを使うと、並行実行数を制限できます。また、仮想マシンやコンテナも、ある意味で区画と言えます。CPUやメモリの上限を設定した仮想マシンやコンテナに**閉じ込める**という発想です。

　図2-7に、1つの仮想マシンをバルクヘッドで分離するコンセプトを示します。

図2-7　バルクヘッドによる分離

　コンテナでの例を紹介します。たとえば、Kubernetesでコンテナ（Pod）を動かす際には、**リスト2-8**のようなマニフェストを書きます。

リスト2-8　Kubernetesマニフェスト（YAML）

```
apiVersion: v1
kind: Pod
metadata:
  name: drone-management
spec:
  containers:
  - name: drone-management-container
    image: drone-service
    resources:
      requests:
        memory: "64Mi"
        cpu: "250m"
      limits:
        memory: "128Mi"
        cpu: "1"
```

　spec.containers.resources.limitsでCPUやメモリを制限できますが、これもバルクヘッドの一種です。

　ところで、水平方向にスケールさせるアプリケーションで、仮想マシンやコンテナあたりのリソース量に悩んだ経験がある人は多いでしょう。

- ●大きな仮想マシンやコンテナを少数
- ●小さな仮想マシンやコンテナを多数

　バルクヘッドの観点からは、後者のほうが問題の影響範囲を小さくできます。もちろんオーバーヘッドなど、ほかの考慮点はありますが、検討ポイントの1つとしてください。

✿キューで負荷を平準化する

　トラフィックの急増が過負荷につながると、リクエストの失敗やタイムアウトの原因となります。同期して動くバックエンドやデータストアがボトルネックになっている場合に、**キュー**による非同期への変更は有効です。キューは、負荷のピークを平準化するバッファとして機能します。

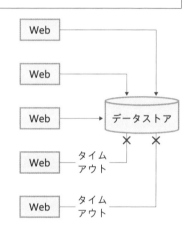

図2-8　同期処理での過負荷

参考文献 キューベースの負荷平準化パターン
https://learn.microsoft.com/ja-jp/azure/
architecture/patterns/queue-based-load-leveling

　図2-8は、多くのWebサーバからデータストアにリクエストが殺到し、タイムアウトが発生している状況を表しています。

　では**図2-9**のように、Webサーバはキューにメッセージを書き込み、データストアへの書き込みはバックエンドプロセスが行うようにしてみましょう。

図2-9　キューを使った非同期処理

Webサーバへのリクエストが急増しても、データストアへの書き込みは、バックエンドとデータストアの都合のよいペースで行えます。

一方、非同期でデータストアへの書き込みが行われるので、クライアントが処理状況や結果を知る方法が必要です。状態確認用のエンドポイント、APIの提供が代表的な実装です。たとえばWebサービスではキューへの書き込み後、状態確認用のエンドポイントをクライアントへ返すようにします。

参考文献 非同期要求 - 応答パターン
https://learn.microsoft.com/ja-jp/azure/architecture/patterns/async-request-reply

なお、キューによるフロントエンドとバックエンドの分離は、負荷の平準化だけでなく、利用者目線での可用性の向上にも寄与します。一般的にバックエンドは複数のサービスやサブシステムを組み合わせた、複雑な作りになる傾向があります。また、性能や可用性をコントロールできない、外部システムとのやりとりもあるでしょう。バックエンドを分離できれば、利用者の体験に大きく影響する可用性を、フロントエンドでシンプルに担保できます。一方、**第3章 調整を最小限に抑える** p.073 で紹介するように、キューを採用した非同期設計には考慮点もあります。何を重視するかで採用を判断してください。

✿ フェイルオーバー、フォールバックで切り替える

冗長化した要素に切り替えて障害から回復する**フェイルオーバー**は、自己復旧戦略の1つです。フェイルオーバーは、**第1章 すべての要素を冗長化する** p.001 で解説したため、詳細は割愛します。

ここでは、切り替え戦略の代替案として、**フォールバック**を解説します。フォールバックとは**縮退運転**のことで、代替機能を提供したり、機能を限定したりすることで、完全な停止を防ぎます。フェイルオーバーに対する**フェイルバック**（切り戻し）と混同しやすいので、気をつけましょう。

有事に同等の待機リソースに切り替えるのではなく、**別の機能や手段に切り替えるのがフォールバックです。** 提供機能を絞りながらアプリケーションを継続し、回復を待ちます。機能は限定されますが、アプリケーションの利用者に対する可用性を高められます。

　Azure App Service と Azure SQL Database を組み合わせたアプリケーションで考えてみましょう。**図2-10**のように、Azure SQL Database が使えない場合に Azure Service Bus キューへリクエストを保存し、クライアントへリクエストを**受け付けた**旨のメッセージを返せるようにします。

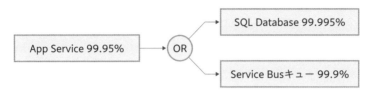

図2-10　フォールバック構成の複合可用性

　この場合、Azure SQL Database と Azure Service Bus キューのどちらかが利用できればよいですね。つまり、同時に使えなくなる確率を求めて、それを1（100%）から引けば稼働率を求められます。

$$1 - (0.00005 \times 0.001) = 0.99999995 = 99.999995\%$$

　高い稼働率が期待できます。すると、サービス全体の複合可用性は、App Service とほぼ同じになります。

$$99.95\% \times 99.999995\% \fallingdotseq 99.95\%$$

　一方、フォールバックの実現には、有事に接続先を切り替えるロジックが必要です。また、復旧時のデータ更新や整合性チェックなど、フォールバック固有の処理を追加しなければなりません。そして当然ながら、それが有事に正しく動くかテストが必要です。

　フォールバックとその復旧処理は、複雑なロジックになりがちです。ロジックが複雑であれば、テストの難易度も上がります。その複雑さにリスクがある、もしくは十分なテストができないと考える場合は、フォールバックを採用しないほうがよいでしょう。

✿ 失敗したトランザクションを補正する

　複数のデータストアを参照、更新する**トランザクション**が必要な場合、データの整合性はアプリケーション開発者にとって重要なテーマです。特にクラウドでは複

数のサービスや外部サービスを組み合わせてアプリケーションを作ることが多いた
め、課題になりやすいです。トランザクションが途中で失敗するケースに備え、複
数のデータストアで更新を**なかったこと**にする仕組みを考えなければいけません。

　複数のデータストアをまたぐトランザクションを行う方法に、X/Open XAな
ど**分散トランザクション**仕様があります。分散トランザクションは、トランザク
ションの途中で失敗したら、すべてのデータストアの更新をなかったことにしま
す。「**All or Nothing**」です。クラウドのデータストアでも、分散トランザク
ションは利用できます。たとえば、Azure SQL Databaseは分散トランザク
ションをサポートしており、複数のデータベースをまたぐトランザクションが可能
です。

　しかし、アプリケーションが複数のデータベースに直接接続できる、とは限りま
せん。ほかのサービスへのデータの取得、更新リクエストは、RESTなどのAPI
を通じて行うことが多いでしょう。また、分散トランザクションをサポートしてい
ないデータストアもあります。Azure SQL Databaseの分散トランザクション
も、異種データベースの混在ができないなど前提条件が多く、一般的に使われてい
る、とは言いにくいです。

　そこで、データストアの仕組みに任せず、アプリケーションが判断して個別に取
り消し、リクエストを送るようにします。このリクエストを**補正（補償）トランザ
クション**と呼びます。

参考文献 補正トランザクションパターン
https://learn.microsoft.com/ja-jp/azure/architecture/patterns/compensating-transaction

　補正トランザクションは新しい概念ではありませんが、クラウドやマイクロサー
ビスの文脈で再び注目されています。**Saga**パターンは、補正トランザクションを
使った分散トランザクションの実現パターンとして代表的です。

参考文献 saga分散トランザクションパターン
https://learn.microsoft.com/ja-jp/azure/architecture/reference-architectures/saga/saga

　Sagaパターンには、2つの実装アプローチがあります。コレオグラフィとオー
ケストレーションです。

✳ コレオグラフィ

図2-11のように、**コレオグラフィ**はSagaに参加するそれぞれのサービスが自律的に振る舞うアプローチです。自身が必要なメッセージを受け取り（サブスクライブ）、処理が成功したらメッセージブローカに結果を送ります（パブリッシュ）。同様に、失敗した場合には補正メッセージを送り、関係するサービスに伝えます。こうやって、サービス間のデータ整合性を保ちます。

参考文献 コレオグラフィパターン
https://learn.microsoft.com/ja-jp/azure/architecture/patterns/choreography

コレオグラフィとは「振り付け」のことです。事前に演者へ踊りが伝えられ、ステージ上で指示を出さなくても、自律的に踊る様子を思い浮かべるとよいでしょう。

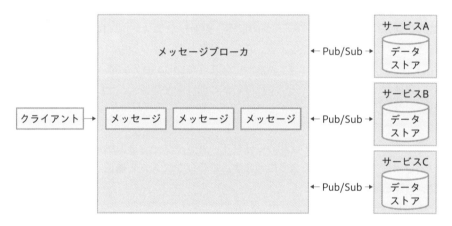

図2-11 コレオグラフィ

なおSagaでは、サービス外から直接データストアへアクセスすることはありません。データストアへの接続とトランザクションは、サービス内で完結します。

✳ オーケストレーション

一方で**オーケストレーション**は図2-12のように、リクエスト処理を一元的に行うコントローラを中心に据えます。このコントローラのことを**オーケストレータ**と呼びます。多種、多数の楽器とその奏者を調整、調和させる音楽のオーケストラを思い浮かべるとイメージしやすいでしょう。なお、オーケストレーションという言葉は、使われ方が定まっていない印象があります。目にしたときは、定義や文脈を

確認してください。

　Sagaにおけるオーケストレーションでは、オーケストレータがリクエスト内容に応じてSagaに参加するサービスを判断し、それぞれのサービスを操作します。仮に失敗した場合には、補正が必要なサービスに対し、補正トランザクションを行います。

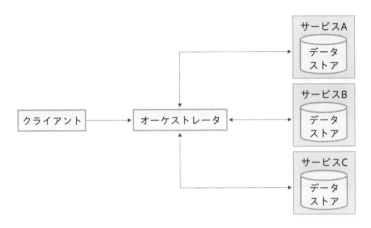

図2-12　オーケストレーション

　なお、オーケストレーションでも、オーケストレータからの要求、サービスからの応答を非同期にするため、メッセージブローカを使うことがあります。

　コレオグラフィとオーケストレーションには、それぞれ利点と考慮点があります。コレオグラフィは、参加サービスの少ない、シンプルなリクエスト処理で使いやすいです。しかし参加サービスが増えてくると、処理の全体像や流れ、状態がわかりにくくなります。一方でオーケストレーションは、責任の重いオーケストレータを作り維持する必要がありますが、全体を把握しやすいです。また、それぞれのサービスをシンプルにできます。参加サービスが多く複雑なワークフローには、オーケストレーションが向くでしょう。

　ところで、コレオグラフィかオーケストレーションかにかかわらず、Sagaパターンの設計や実装、運用は、1つのデータベースに対するトランザクションとは大きく異なります。経験のない状態では、大々的な適用は困難です。リスクをとれるアプリケーションやサービスで小さく始めるなど、経験の積み方を検討してください。**第3章 調整を最小限に抑える** p.073 で紹介するDurable Functionsのよ

うなフレームワークを活用したり、実装を参考にしたりするのもよいでしょう。

参考文献 銀行取引のクラウド変革におけるパターンと実装 - Saga パターン
https://learn.microsoft.com/ja-jp/azure/architecture/example-scenario/banking/patterns-and-implementations

　一方、期待する効果と労力が見合わないのであれば、そもそもサービスやデータストアを分割しない、という判断も合理的です。分割による効果の優先度を踏まえ、判断してください。本書はクラウドの特徴を活かすため、随所で分割を推奨していますが、すべてに従う必要はありません。すぐに効果を得たいわけでも、解決したい課題でもなければ、先送りしてもよいでしょう。ただし、サービスやデータストアの分割に関する判断は将来に大きく影響するため、背景を含めた文書化をお勧めします。**第7章 マネージドサービスを活用する** p.161 で紹介する、Architectural Decision Records（ADR）を参考にしてください。

　なお、複数のデータストアを更新するトランザクションでなくとも、補正リクエストが必要なケースはあります。たとえば、外部の決済サービスを利用するアプリケーションを考えてみましょう。決済リクエストを送ったのちに別の処理で失敗し、キャンセルが必要になった場合は、決済サービスへ取り消しリクエストを送ることがあります。自らのサービスやデータストアを分割しない場合でも、意識してください。

✿ 実行時間の長い処理にチェックポイントを設ける

　実行時間の長い処理が失敗した場合に、再度頭から実行する余裕がないこともあります。夜間のバッチ処理が代表的です。この問題の解決手段の1つは、**どこまで処理したか**を記録するチェックポイントの実装です。失敗原因を取り除いたのち、最後のチェックポイントから再開できます。チェックポイント後の処理を再実行するため、べき等であることは前提です。

　なお、失敗の原因が基盤でなく、プログラムや入力データであれば、再実行しても失敗します。その場合は問題があるデータを取り除くなど、人間が調査、判断、対処しなければなりません。本章のテーマは**自己復旧**ですが、柔軟に、人の介入を前提としたフローも検討してください。

✿ 潔く機能を停止する、減らす

有事には、重要度の高い機能がリソースを優先的に使えるようにしたいものです。また、重要度の低い機能が障害の原因になることもあります。そのようなケースでは、**一時的な機能停止**も有効です。フォールバックによる機能代替の、さらに大胆な戦略です。

たとえば、本を販売するアプリケーションを想像してください。要件によっては、アプリケーションが表紙のサムネイル画像を取得できない場合に、デフォルト画像の表示が許されるでしょう。また、サービスを無効化するケースもあります。たとえば、お勧め本の表示サービスは、注文処理サービスよりもおそらく重要度が低いでしょう。

さらに効果的なのは、重要度が低い機能や実装の、恒久的な削除です。それが複雑さやリスクを高めているものであれば、なおさらです。

再試行ガイドラインでも触れた、コンビニでの電子マネー決済がわかりやすい例です。さまざまな失敗パターンを考慮し、かつ利用者にそれを気づかれない仕組みは、複雑なフォールバックの実装と長時間の再試行に向かいがちです。しかし、少なくとも筆者は決済利用者の立場で、再試行を待つ間、レジ待ちの列を振り返る勇気はありません。**早めに、丁寧にエラーを返す**という判断のほうが、利用者体験がよく、かつ実装コストとリスクを減らせるのではないでしょうか。

技術的に可能な範囲でがんばりすぎず、利用者目線でビジネスオーナーと議論してください。

✿ クライアントを制限する

少数の利用者からの過剰なリクエストが、ほかの利用者に影響を与えることがあります。このような状況では、リクエストのレート制限や調整(**スロットリング**)を検討してください。

第2章 自己復旧できるようにする

参考文献　調整パターン
https://learn.microsoft.com/ja-jp/azure/architecture/patterns/throttling

　PollyやResilience4jなどを使ってレート制限を実装するほかに、ゲートウェイを置いてレート制限する手もあります。たとえば、Azure API Managementは、IPアドレスやリクエストに含まれる任意の文字列をキーとして、呼び出しレートを制限できます。

参考文献　API Management ポリシーリファレンス - アクセス制限ポリシー
https://learn.microsoft.com/ja-jp/azure/api-management/api-management-access-restriction-policies

　悪意なく多量のリクエストを送ってしまう利用者もいます。アプリケーションの利用規約に明記する、また、頻繁に制限に達する場合はメールで通知するなど、利用者に制限の存在を伝えることも忘れないでください。

　なお、制限を伝えても解決しない場合には、利用を停止、ブロックすることもあるでしょう。ただし、利用者が停止やブロックの解除を要求できるよう、解除プロセスも考慮してください。たとえば、利用者とのやりとりをAPI経由で行う場合、すべてのAPIの利用を停止されると、解除の申請ができません。

✸リーダー選定を使う

　複数の仮想マシンやコンテナ、プロセスによる冗長化は、クラウドで可用性を上げる基本的な戦略です。性能拡張も、大型サーバが必要なスケールアップよりも、数を増やすスケールアウトが好まれます。その理由は、**第4章 スケールアウトできるようにする** `p.091` で解説します。

　複数の仮想マシンやコンテナ、プロセスで処理を分担するのであれば、共有リソースの競合やデータの不整合を防ぐ仕組みが必要です。また、結果の集計など、調整役が必要なケースもあります。そこで有用なパターンが、**リーダー選定**です。

参考文献　リーダー選定パターン
https://learn.microsoft.com/ja-jp/azure/architecture/patterns/leader-election

　リーダー選定パターンは、クラウドサービスや分散アプリケーションの内部で活用されています。たとえば、Azure Cosmos DBです。

　Azure Cosmos DBは、データを**レプリカセット**と呼ばれるグループに配置します。レプリカセットは書き込みができるリーダーと、読み取り専用のフォロワーで構成されます。リーダーは動的に選定され、もしリーダーが利用できなくなった場合、いずれかのフォロワーがリーダーに選ばれます。

　また、レプリカセットは、複数のリージョンに分散配置できます。フォロワーが別のレプリカセットのリーダーに書き込みリクエストを転送することで、レプリカセット間の複製を実現します。**図2-13**は、その概念図です。

参考文献 Azure Cosmos DBでのグローバル データ分散 - 内部のしくみ
https://learn.microsoft.com/ja-jp/azure/cosmos-db/global-dist-under-the-hood

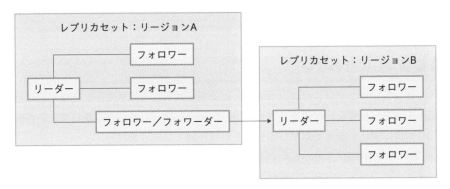

図2-13　Azure Cosmos DBのレプリカセット

　このように、リーダー選定はクラウドサービスを裏で支えているパターンです。筆者の経験では、ビジネスアプリケーションの開発でリーダー選定を意識したコードを書く機会は多くありませんが、必要な場合は参考にしてください。

　リーダー選定パターンの実装を助けるソフトウェアとして、Apache ZooKeeperやConsulが著名です。

参考文献 Apache ZooKeeper
https://zookeeper.apache.org/

参考文献 Consul
https://www.consul.io/

✿ カオスエンジニアリングに取り組む

　自己復旧できるアプリケーションを作ったら、期待通りに機能するか確認しましょう。

　機能停止や過負荷など、障害につながるイベントを意図的に注入し、予想した結果を得られるかをテストします。これは**カオスエンジニアリング**と呼ばれることもあります。

> **参考文献** カオスエンジニアリングを使用してAzureアプリケーションをテストする
> https://learn.microsoft.com/ja-jp/azure/architecture/framework/resiliency/chaos-engineering

✿ 仮説なしに行わない

　カオスエンジニアリングは、やみくもに障害を注入して偶然何かを発見する取り組みではありません。仮説を立て、期待した結果が得られるかを**実験**します。仮説なく対象に変化を加えて観察しても、それは実験ではありません。

　まず、アプリケーションの構成要素と依存関係を整理し、障害がどのような状態で発生するかを分析します。クラウドサービスの利用経験が浅い段階では苦労するかもしれませんが、クラウドサービスが公開している情報など、外部の知見も活かしてください。

> **参考文献** Azureアプリケーション用の障害モード分析
> https://learn.microsoft.com/ja-jp/azure/architecture/resiliency/failure-mode-analysis

　分析は、開発の早い段階での実施をお勧めします。なぜなら、分析結果を設計や実装に活かせるからです。

　障害の起こる状態を洗い出したら、回復する仕組みが必要かを判断し、実装します。本章や**第1章 すべての要素を冗長化する** p.001 を参考にしてください。ビジネス要件によっては、実装せずにリスクを受け入れることもあるでしょう。それでも分析は無駄にはなりません。利害関係者で合意し、文書に残すだけでも価値はあります。

　次に、その状態の再現、つまり**障害原因の注入方法**を検討します。知見がない場合は、マネージドサービスが助けになるでしょう。Azureには、Azure Chaos Studioがあります。

　なお、単純には再現できない障害もあります。たとえば、Azureにおいて**特定の可用性ゾーン上のサービスをすべて停止する**ような機能やツールは、現時点でありません。

　このような**利用できない**状態を対象リソース側で再現できない場合には、発想を変えて、呼び出し側に障害を注入します。たとえば、**図2-14**のように、呼び出し側の仮想マシンのネットワークセキュリティグループ（NSG）に、拒否のルールを設定します。

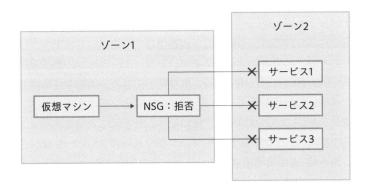

図2-14　NSGによるサービス停止シミュレーション

参考文献 Azure Chaos Studioプレビューの障害とアクションライブラリ
- ネットワーク セキュリティグループ（規則の設定）

https://learn.microsoft.com/ja-jp/azure/chaos-studio/chaos-studio-fault-library#network-security-group-set-rules

　すでに確立したフローは遮断できないなど制約はありますが、再現できる状況は増えます。

　なお、障害原因を注入できるマネージドサービスに必要な障害原因がない、あるいはほかのテストツールとの連携が難しい場合などは、こだわらずに代替案を検討しましょう。OSSや自作のプログラム、スクリプトを組み合わせたほうが簡単に実装できるケースもあります。たとえば、Azure Chaos Studioは、Kubernetesへの注入にOSSのChaos Meshを利用していますが、Chaos Meshをテスト

スクリプトなどから直接使ってもよいでしょう。

✿ 計測と自動化が鍵

　そして、障害原因の注入と同様に重要なのは、**計測**です。冗長化や自己復旧の仕組みが期待通りに動作するか、計測しましょう。カオスエンジニアリングだけで考えず、アプリケーションのサービスレベル監視と合わせて検討するとよいでしょう。たとえば、「HTTPステータスコードが500番台のレスポンスを、0.01％以下とする」というサービスレベル目標があれば、それを計測する仕組みを作るはずです。サービスレベル監視と同じ仕組みを使いましょう。E2E（End to End）テストに、障害原因の注入とサービスレベルの計測、評価を組み込むのは、よくあるアイデアです。**第6章 運用を考慮する ＞ 利用者目線での監視を行う** p.144 も参考にしてください。

　障害原因の注入と計測は、可能な限り**自動化**してください。将来アプリケーションが変化したとき、再度実施するためです。アプリケーションの機能追加だけでなく、コスト削減を目的とした構成変更、脆弱性対応など、運用中は多様な変化が起こります。長期にわたる開発であれば、開発中も変化し続けるでしょう。そのたびに手作業でテストしていては負担が大きいです。カオスエンジニアリングに限った話ではありませんが、**テストの自動化**は、クラウドのアプリケーションを成功させる鍵です。**第6章 運用を考慮する ＞ テストを自動化する** p.158 が参考になるでしょう。

2-3 まとめ

　アプリケーションの回復性を高める手段は、構成要素の冗長化だけではありません。アプリケーションに一過性の障害を吸収、回復する仕組みを組み込むことも、回復性の向上に有効です。それを実現するために、多様な自己復旧のパターンがあります。そして可用性の高いクラウドのアプリケーションの多くは、これらのパターンを実装しています。

　しかし、本章で紹介したような多様なパターンに希望を見出しながらも、同時に、自ら選び実装する負担を感じたかもしれません。

　とはいえゼロから考え、作る必要はありません。OSS や、クラウドプロバイダやコミュニティが発信する情報、知見を活用してください。

✏ Memo　エラーを隠蔽すべきか

　この章の内容は、冒頭の「基本的なアプローチ」で述べたように、障害の検出と適切な対応を前提にしています。つまりアプリケーション開発者が、エラー処理や例外処理をアプリケーションへ組み込むことを期待しています。しかし、「正常系よりも異常系のボリュームが多くなるのでは」「かえって複雑になるのでは」と、不安になったかもしれません。本書の主張には反しますが、エラー処理や例外処理はソフトウェアの複雑性を高めるため、できる限り減らす、もしくは隠蔽すべき、という意見もあります。

参考文献 A Philosophy of Software Design
https://web.stanford.edu/~ouster/cgi-bin/book.php

　ではクラウドアプリケーションで、それは可能でしょうか。「本書の主張と合わない」と切り捨てずに、思考実験をしてみます。

　たとえば、REST API を呼び出すクラウドアプリケーションがあり、呼び出し元はエラー処理をせず常に成功を期待するとします。一方、API の可用性は100% でなく、エラーが起こる可能性があるとします。「常に成功を期待する」を除いては、典型的なクラウドアプリケーションです。

　これらの条件を両立させる手段として、エラー処理を隠蔽し、再試行を代理するプロキシが考えられます。その実装や実現性はさておき、呼び出し元と先の間で、API のエラーを隠蔽し、成功するまで延々と再試行するような何かを想像してください。これにより、呼び出し元を作る開発者はエラー処理の実装から解放され、楽になるでしょう。

　しかし、アプリケーションを利用する側は、不幸せになる可能性が高いです。理由はシンプルで、状況もわからずに延々と待たされるからです。同時に、処理が終わらないリクエストが滞留し、リソースを圧迫してしまいます。また、アプリケーションを構成する他の要素が待ちきれず、タイムアウトやキャンセルをするかもしれません。結局、エラー処理が必要です。

　残念ながらエラーを隠し通すアプローチは、クラウドアプリケーションでは筋が悪そうです。ただしネットワークを介さないローカルでのやり取りなどコントロールしやすい条件下で、呼び出し先を堅牢に作れる場合には、その限りではありません。

第**3**章

調整を最小限に抑える

Minimize coordination

　この設計原則の「調整」という言葉に、「ピンとこないな」と感じませんでしたか。筆者は初見で、そう感じました。コンピュータの世界には多様な調整が存在し、指すものは文脈によって異なるからです。

　「調整」は、原文では「coordination」です。coordinationを英和辞書で引くと、調整のほかに、一致、対等などを意味するようです。単語の持つ中核的な意味は、「いくつかの物事を一致、調和させる行為や仕組み」でしょうか。

　クラウドには、さまざまな調整が存在し、問題の火種になることもあります。では、クラウドにおける調整とは何なのでしょうか。

3-1 性能拡張と異常系処理は「調整」を生む

　クラウドアプリケーションは一般的に、役割別に分割されたサービスで構成されます。Webフロントエンド、データストア、レポートと分析などです。さらに性能拡張と冗長化のために、それぞれのサービスを複数の**インスタンス**（仮想マシンやコンテナ、プロセス）で実行します。

● 調整の例——ロック解放待ち

　複数のインスタンスがリソースを共有する場合、何らかの手段でインスタンス間の**調整**が必要です。調整の代表例は更新時のロックです。**図3-1**に示すように、更新時にロックを獲得できないインスタンスはその解放を待ちます。

図3-1　調整の例——データベースロック

調整はボトルネックを作り出し、**スケールアウト**を制限する要因になります。図**3-1**の例では、スケールアウトのためにインスタンスを追加すると、ロックによる競合も増える恐れがあります。最悪の場合インスタンス群は、リクエスト処理のほとんどの時間をロック待ちに費やします。

● 調整の例──キューと複数のワーカ

また、キューから複数の**ワーカ**がメッセージを取得するアプリケーションも、調整が必要な典型例です。図**3-2**のように、性能拡張のため複数のワーカで構成されるアプリケーションを想像してください。

仮にワーカ1が先にメッセージを取得したとします。この場合、ワーカ2は同じメッセージを受け取るべきではありません。なぜなら、1つの注文を2回処理してしまうからです。

しかし、もしワーカ1が異常終了したら、ワーカ2はこの注文が抜け落ちないようにカバーしなければなりません。

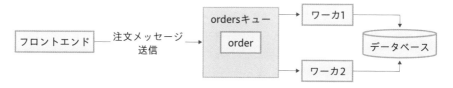

図3-2　調整の例──キューとワーカ

複数のワーカで性能拡張しつつ、重複処理を避けるためには、以下のような考慮が必要です。

- ●複数のワーカが同じメッセージを受け取らないよう、メッセージをロックできる、または一時的に不可視にできるキューを使う
- ●ワーカの異常終了やタイムアウト時はメッセージのロックを解放し、別のワーカが処理できるようにする（もしくは、別のキューに退避する）
- ●べき等な作りにする

このように、複数の役割やインスタンスで構成されるクラウドアプリケーション

では、調整が懸念点です。性能拡張と異常系処理が調整につながる場合があります。できる限り、調整が必要な箇所と複雑性を減らす工夫をしましょう。

推奨事項

✿ 結果整合性を受け入れる

データを分散し、かつ強い整合性を保証するなら、特別な仕組みが必要です。たとえば、1つの操作で2つのデータベースを更新する**分散トランザクション**です。しかし、**第2章 自己復旧できるようにする ＞ 失敗したトランザクションを補正する** p.060 で触れたとおり、複数のデータストアの操作を同じスコープで行う分散トランザクションは、一般的ではありません。

たとえば、代表的な分散トランザクション仕様であるX/Open XAは、トランザクションコーディネータの高い可用性を前提とします。仮にコミット待ちのトランザクションがある状態でコーディネータがダウンしてしまった場合、分散トランザクションに参加するメンバーはその回復を待たなければなりません。複数の仮想マシンと共有ディスクを使ったHA（High Availability）クラスタ構成で、コーディネータの可用性を高める方法はあります。しかし、スケールアウトで拡張性と可用性を向上するという、クラウドらしいアプローチには反します。

そこで「複数のデータストアへの書き込みが、いずれ同じ値に収束する」という結果整合性をアプリケーションが受け入れられるのであれば、複数のデータ操作を1つのトランザクションスコープへ入れないようにします。そして、エラーが発生した場合は、アプリケーションの判断でロールバックします。**第2章 自己復旧できるようにする** p.061 で紹介した、**補正トランザクション**パターンが役立ちます。

結果整合性の許容は、調整を減らす基本的で強力な戦略です。

✤ ドメインイベントを検討する

ドメインイベントとは、ドメイン駆動設計（DDD：Domain-Driven Design）の文脈で、ドメイン内で起きた出来事を意味します。ドメインとは、**そのアプリケーションで解決したい領域**と考えてください。

参考文献 『エリック・エヴァンスのドメイン駆動設計』ISBN：9784798126708（翔泳社）
https://www.shoeisha.co.jp/book/detail/9784798126708

参考文献 ドメインイベント：設計と実装
https://learn.microsoft.com/ja-jp/dotnet/architecture/microservices/microservice-ddd-cqrs-patterns/domain-events-design-implementation

たとえば、本を販売するアプリケーションのドメインは「販売」、ドメインイベントは「クラウド原則本が100冊注文された」です。ドメインイベントはすでに起こったことですので、一般的には過去形で表現します。

✤ サービス分割と課題

なお、ドメインを人や組織とその関心事によって分割することがあります。本の販売であれば、売れ行きを予想して仕入れる人と、倉庫で在庫管理をする人では、本に対する関心事や言葉づかいが違うでしょう。ドメイン駆動設計では、この境目を**境界付けられたコンテキスト（Bounded Context）**と呼び、サービスの分割によく利用されます。

では**図3-3**のように、注文、仕入れと在庫管理でサービスを分割し、注文サービスは各サービスへ注文イベントを伝える責任を持たせるとします。

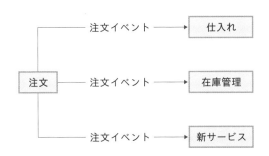

図3-3 1つのサービスに調整を押しつける

　この設計には拡張性の問題があります。仮にサービスが増えた場合、そのたびに注文サービスへの機能追加が必要です。加えて、注文サービスは、サービスの数だけリクエストを送り、データの整合性にも配慮しなければなりません。注文サービスは重たい「調整」を押しつけられます。

✳ イベントストアの採用

　では図3-4のように、注文サービスがイベントをイベントストアへ追記するように変えてみましょう。各サービスは追記されたイベントを受け取り、非同期で処理します。すると、注文サービスは各サービスを調整する責任から解放されます。

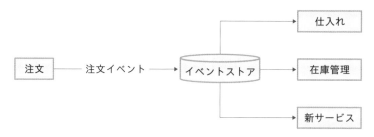

図3-4 ドメインイベントを活用した非同期処理

　なお、ドメインイベントを使った非同期処理では、タイミングによっては各サービスでイベントに関する状態が一致しません。つまり、アプリケーションは結果整合性を受け入れる必要があります。ですが、関わる人や組織でサービスを分割するなら、少しくらいのタイムラグは問題にならない、というアプリケーションは多いでしょう。

✳ CQRSやイベントソーシングパターンを検討する

　これら2つのパターンは、読み取りと書き込み操作の調整を削減するのに役立ちます。

✳ CQRSパターン

　CQRS（Command and Query Responsibility Segregation）は、書き込み操作（Command）と読み取り操作（Query）でデータモデルを分けるパ

ターンです。**読み書きの競合**は性能拡張の制約要因となるため、分離の利点は直感的にわかりやすいです。分離のメリットを活かすために、同じデータストアサービス内でデータベースやテーブルを分けるのではなく、**図3-5**のように異なるデータストアへ分割することもあります。読みと書き、それぞれの特性や負荷に合わせてスケールできるのも利点です。

参考文献　CQRSパターン
https://learn.microsoft.com/ja-jp/azure/architecture/patterns/cqrs

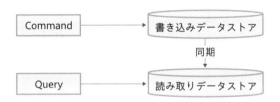

図3-5　CQRSパターン

　CQRSは性能のほかにも利点があります。特に、操作に合わせてデータ表現を変えられるのは魅力的です。Commandはビジネスルールを表現、検証しやすいモデルが適していますが、Queryは多様なクエリに合わせた表現が求められます。分離すれば、それぞれにモデルを最適化できます。

🌸 イベントソーシングパターン

　CQRSと組み合わせて、**イベントソーシング**パターンがよく使われます。イベントソーシングとは、アプリケーションが作り出したイベントを、追記専用のデータストアに記録するパターンです。先述したドメインイベントの、代表的な実装パターンです。追記は更新と比較して調整の少ない処理なので、性能拡張性に優れています。

　なお、イベントソーシングは調整が少ないだけでなく、ほかの魅力もあります。それは、データの最新の状態だけでなく、過去にどのようなイベントを経てそうなったのか、履歴とストーリーを確認できることです。

参考文献　イベントソーシングパターン
https://learn.microsoft.com/ja-jp/azure/architecture/patterns/event-sourcing

　CQRSとイベントソーシングの組み合わせでは、CQRSの書き込みデータスト

アをイベントソーシングのイベント記録先にします。また、読み取りデータストア
へイベントを伝え、読み取り操作（Query）用に最適化されたスナップショット
を作成します。

✿CQRSとイベントソーシングの課題

　しかし、CQRSとイベントソーシングパターンの組み合わせには、いくつか課
題があります。

- 書き込みデータストアに書き込んだイベントを、読み取りデータストアへ同期する仕組みが必要となる
- イベントが読み取りデータストアに伝わるまでのタイムラグがある
- イベントの順序を保証しなければならない
- 読み取りデータストアへイベントを反映する仕組みは、自己復旧能力を持つべきである（再試行、べき等にするなど）
- 古いイベント履歴が必要ないアプリケーションでは、蓄積し続けるイベントは無駄になる

　タイムラグの許容は前提条件ですが、ほかは解決できます。それが次の推奨事
項、**トランザクショナルOutbox**パターンです。

✿トランザクショナルOutboxパターンを検討する

　Outboxとは、送信箱のことです。電子メールのメーラーがメールサーバに直
接送信せず、失敗に備えてまず送信箱に入れる、という仕組みを思い浮かべてくだ
さい。イベントを送信箱に保存し、読み取りデータストアへ確実に送れるようにし
ます。

✿Outboxを使わない場合

　では**Outboxを使わない**ケースから見てみましょう。注文サービスが書きと読
み、両方のデータストアに注文を反映しなければならない場合、どちらかで失敗す
るとデータに不整合が生じます。**図3-6**は、注文イベントの読み取りデータスト
アへの書き込みに失敗したときのイメージです。補正トランザクションなど不整合

を解消するための方法はありますが、注文サービスの責任は重たくなります。

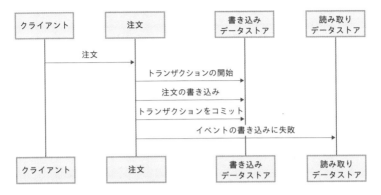

図3-6 読みと書きのデータストアに不整合が生じるケース

✴トランザクショナルOutboxパターン

　一方、**トランザクショナルOutbox**パターンでは、どうでしょうか。**図3-7**のように、注文サービスは書き込みデータストアに注文とイベントを分けて書き込みます。この書き込みは1つのデータストアに対するトランザクションなので、一貫性を確保できます。イベントを送信箱に入れ、注文と同じスコープでコミットするため、トランザクショナルOutboxパターン、というわけです。

　そしてイベントを受け取るワーカを配置し、そのワーカが読み取りデータストアにイベント内容を反映するようにします。

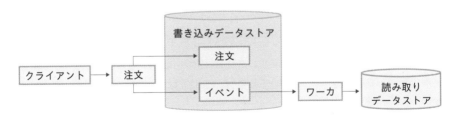

図3-7 トランザクショナルOutboxパターン

図3-8は、このパターンのシーケンスです。

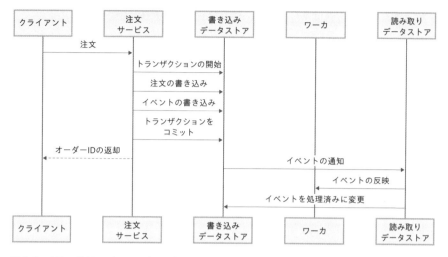

図3-8　トランザクショナルOutboxパターンのシーケンス

　トランザクショナルOutboxパターンの実装には、**支援機能を持つデータスト
ア**をお勧めします。たとえば、Azure Cosmos DBは順序が保証される変更
フィード機能を持ち、ワーカは継続的に変更イベントを取得できます。また、変更
イベントにはユニークなIDが付与されるため、ワーカが読み取りデータストアへ
イベントを反映する際、すでに書き込まれていないかを確認できます。つまり、べ
き等にしやすいです。さらに、イベントの生存期間（TTL：Time to Live）を設
定できるため、古いイベントを自動的に消去できます。

参考文献　Azure Cosmos DB でのTransactional Outboxパターン
https://learn.microsoft.com/ja-jp/azure/architecture/best-practices/transactional-outbox-
cosmos?utm_source=pocket_mylist

　なお、ワーカが書き込みデータストアではなく、キューに書き込んでほかのサー
ビスと連携するパターンもあります。Azure Service BusキューなどIDによっ
てメッセージの重複をチェックできるキューを使えば、べき等性の確保に役立ちま
す。

✹データストアをパーティション分割する

　先述のとおり、多くのアプリケーションサービスやインスタンスがデータストア

を共有すると、ロックなどの調整が重たくなります。また、特定ディスクへI/O
が集中し、ボトルネックになることも懸念されます。その懸念がある場合は、1つ
のデータストアへすべてのデータを押しつけないようにしましょう。

1つのデータストアを多くのサービスやインスタンスで共有する必要がある場合
は、データストアのパーティション分割も検討してください。**第5章 分割して上限
を回避する ＞ データストアをパーティション分割する** p.117 で詳しく解説します。

✿ べき等にする

第2章 自己復旧できるようにする ＞ べき等にする p.053 で紹介したように、
操作が**べき等**になるように設計します。べき等は本書で何度も触れているキーワー
ドですが、そのしつこさからも、クラウドアプリケーションでは重要な考え方だと
わかるでしょう。強く意識してください。

✿ 楽観的並行性制御を検討する

並行性制御とは、並行するほかの処理との競合を防ぐための手段です。たとえ
ば、データベースのロックです。

✿ 悲観的並行性制御

悲観的（ペシミスティック）並行性制御は「自分が処理している間に、（たぶん）
ほかの処理が書き換えてしまう」と悲観的に考え、ロックします。並行性制御では
一般的な手段ですが、並行数が多いアプリケーションでは、パフォーマンスの制約
要因になります。ロックの間、ほかの処理は待たされるからです。

✿ 楽観的並行性制御

一方で**楽観的（オプティミスティック）並行性制御**は、「自分が処理している間
に、（たぶん）ほかの処理は書き換えないだろう」と楽観的に考えます。**図3-9**の
ように、データにバージョンを持たせ、更新する処理はそのバージョンを添えてリ
クエストをします。更新が成功するとバージョンが変わるため、その後に古いバー

ジョンを添えた更新リクエストが来たら、失敗とするのです。つまり、早い者勝ちです。

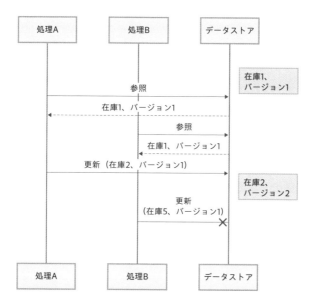

図3-9 楽観的並行性制御

　楽観的並行性制御はロックしない、つまりロックの解放を待たないため、高い性能拡張性が期待できます。ただし、同じデータオブジェクトに激しい競合があるケースでは、失敗するトランザクションが多くなり、利用者の体験に悪い影響を及ぼします。また、再試行による負荷が増加します。

　楽観的並行性制御の実装では一般的に、データベースのテーブルへバージョンやタイムスタンプを追加し、更新時にそれを確認するロジックを入れます。また、Azure Cosmos DBやAzureストレージのようにオブジェクトにバージョン情報（ETag）を割り当てるデータストアでは、それを使って実現できます。

　楽観的並行性制御が適しているかは、ビジネス要件のほかに、求める性能拡張性、競合する確率、エラー処理の実装難易度で判断します。悲観的並行性制御に慣れている開発者にとっては、エラー処理の実装がポイントでしょう。クライアントライブラリやSDKが楽観的並行性制御をサポートしているかを確認してください。

✴ 調整にリーダー選定を使う

操作を調整するコーディネータが必要な場合、それが単一障害点にならないよう冗長化します。当然ながら、複数あるコーディネータのインスタンスが競合、重複操作をしないような仕組みも必要です。**第2章 自己復旧できるようにする >リーダー選定を使う** p.066 で解説した、**リーダー選定**パターンが有用です。リーダー選定パターンを使うと、複数インスタンスから1つがリーダーとして選定され、コーディネータとして機能します。このリーダーが利用できなくなったときは、新しいインスタンスがリーダーに選ばれます。

しかし、**第2章 自己復旧できるようにする** p.041 でも触れたとおり、ビジネスアプリケーションの開発でリーダー選定を直接使う機会は多くないでしょう。ビジネスロジックに集中するため、コーディネータ機能を含むフレームワークも検討してください。以降の推奨事項で紹介します。

✴ 並列分散フレームワークを検討する

アプリケーションの要件によっては、複数ノードでの実行を支援する並列分散フレームワークが適しているでしょう。オープンソースのApache HadoopやApache Sparkが代表的です。これらのフレームワークは環境構築と維持が懸念材料ですが、クラウドではマネージドサービスとして提供されているため、負担を軽減できます。Azure DatabricksやAzure HDInsightなど、選択肢は多くあります。

✴ オーケストレーションフレームワークを検討する

ほかにも、調整を支援するフレームワークがあります。たとえば、サーバレスコンピューティングサービスであるAzure Functionsの拡張機能、**Durable Functions**です。

✸Durable Functions

　Durable Functionsは、役割によって分割、またはスケールアウトされたサーバレス関数の実行フローを調整します。**第2章 自己復旧できるようにする** `p.062` で紹介したとおり、音楽のオーケストラのように、多種、複数ある要素を調整、調和させることを**オーケストレーション**と呼びます。

参考文献 Durable Functionsとは
https://learn.microsoft.com/ja-jp/azure/azure-functions/durable/durable-functions-overview

　Durable Functionsがサーバレス関数の実行や状態管理、エラー時の再試行などを支援するため、開発者はビジネスロジックに集中できます。

　Durable Functionsは、いくつかのパターンをサポートします。たとえば、**ファンアウト／ファンイン**です。**図3-10**のように、サーバレス関数F1で前処理を行い、複数のF2を並列で実行します（ファンアウト）。そしてすべてのF2の完了を待ち（ファンイン）、F3で後処理を行うパターンです。Durable Functionsでは、この流れ全体、ワークフローを実行する関数を**オーケストレータ関数**と呼びます。一方、呼び出される関数は**アクティビティ関数**です。

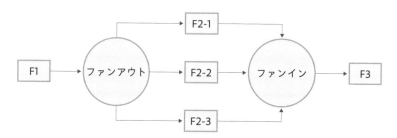

図3-10　Durable Functionsによるファンアウト／ファンイン

　ファンアウトは一対多形式の送信機能を持つメッセージングサービスでも実現できますが、ファンインは工夫が必要です。すべてのアクティビティ関数の状態と完了を監視する仕組みが必要ですし、それぞれのアクティビティ関数は集計に備え、出力を何らかのデータストアに保存しなければなりません。Durable Functionsは、その面倒を見てくれます。

　より具体的に見ていきましょう。**リスト3-1**はC＃のサンプルコードです。

リスト3-1　サーバレス関数のワークフロー（C#）

```csharp
[FunctionName("FanOutFanIn")]
public static async Task Run(
    [OrchestrationTrigger] IDurableOrchestrationContext context)
{
    var parallelTasks = new List<Task<int>>();

    // 並列に実行するアイテムを関数F1で取得する
    object[] workBatch = await context.CallActivityAsync<object[]>("F1", null);

    // アイテムの数だけ関数F2を実行する（ファンアウト）
    for (int i = 0; i < workBatch.Length; i++)
    {
        Task<int> task = context.CallActivityAsync<int>("F2", workBatch[i]);
        parallelTasks.Add(task);
    }

    // すべての関数F2の完了を待つ（ファンイン）
    await Task.WhenAll(parallelTasks);

    // 関数F2の結果を集計し、関数F3を実行する
    int sum = parallelTasks.Sum(t => t.Result);
    await context.CallActivityAsync("F3", sum);
}
```

出典 Durable Functionsとは - パターン #2: ファンアウト / ファンイン
https://learn.microsoft.com/ja-jp/azure/azure-functions/durable/durable-functions-overview?tabs=csharp#fan-in-out

とてもシンプルに、サーバレス関数のワークフローを表現できます。

なお、アクティビティ関数の実行状態はDurable Functionsによって管理され、途中で失敗しても再実行が可能です。フレームワークにワークフローの状態管理を任せられれば、開発者の負担は大きく減ります。

では、どのように負担が減るかをイメージするため、同様の仕組みを自ら作る場合も考えてみましょう。**図3-11**に示す**Scheduler Agent Supervisor**パターンは、実現アイデアの1つです。

- ●Supervisor（スーパーバイザ）：タスクの状態を監視し、失敗した場合は再実行や回復処理を指示する
- ●Scheduler（スケジューラ）　：タスクを構成するステップの実行をエージェントに要求し、結果を状態ストアに反映する

第3章 調整を最小限に抑える

●Agent（エージェント）　　　：ステップを実行し、リモートサービスやリソースを操作する

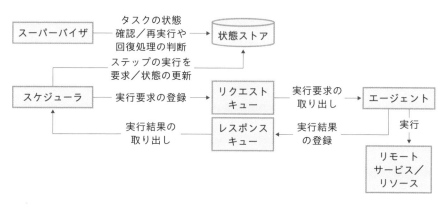

図3-11　Scheduler Agent Supervisorパターン

参考文献　Scheduler Agent Supervisorパターン
https://learn.microsoft.com/ja-JP/azure/architecture/patterns/scheduler-agent-supervisor

　参考になるパターンですが、構成要素が多く、作り込みには相応の労力が必要です。自ら作ることで期待できる効果が労力に見合うかは、客観的に判断しましょう。

　ところで、Durable FunctionsのコアであるDurable Task Frameworkは、分散アプリケーション向けランタイムのDapr（Distributed application runtime）に移植されています。2023年5月時点でまだアルファ版ではありますが、Azure Functionsのほかでも、同様のワークフロー実行が可能になることを期待しましょう。

参考文献　Workflow overview
https://docs.dapr.io/developing-applications/building-blocks/workflow/workflow-overview/

まとめ

　複数の役割やインスタンスで構成されるクラウドアプリケーションでは、調整が懸念点です。性能拡張と異常系処理が調整につながる場合があります。本章では推奨事項として、調整が必要な箇所と複雑性を減らすアイデアを紹介しました。

　多様な役割を持つ要素を組み合わせ、拡張できることが魅力なクラウドにおいて、その調整は重要なテーマです。調整がクラウドの魅力を制限しないよう、常にその存在を意識してください。

第4章

スケールアウト
できるようにする

Design to scale out

　クラウドの魅力の１つは、**性能拡張性**です。負荷に応じてリソースを増やし、ビジネスの成長を支えます。また、閑散期や負荷予測が下振れした場合には、リソースを減らしてコストを抑えられます。この特性は、ビジネスにおける挑戦の支えにもなります。なぜなら予測が外れても、そのインパクトを軽減できるからです。

　クラウドでは一般的に、スケールアップよりも**スケールアウト**が好まれます。なぜでしょうか。その理由が腹に落ちれば、スケールアウトしやすいアプリケーションを作ろう、という動機になるはずです。そこで本章では、スケールアウトがなぜクラウドの性能拡張に適しているのか、その背景から解説します。

4-1 クラウドでスケールアウトが好まれる理由

　いまやクラウドサービスでも、100CPUコアを超えるサーバを使えるようになりました。たとえば、Azureは2023年３月時点で、960仮想CPUコア、20TBメモリを持つサーバ（SAP HANA on Azure S960m）を提供しています。将来、より大きなサイズのサーバが提供される可能性もあります。

　クラウドサービスの黎明期である2010年代の前半には、これほど大きなリソースを搭載したサーバは利用できませんでした。Azureでも、第１世代の仮想マシンは最大でも16仮想CPUコア（Aシリーズ）です。つまり、スケールアップには物足りなかったのです。

　では、1,000CPUコア近いサーバが使えるようになった現在でも、クラウドでの基本戦略はスケールアウトなのでしょうか。

　答えは「はい」です。次に示すのは、スケールアップではなくスケールアウトが好まれる、使い手目線での一般的な理由です。

- 拡張や縮小の際、サービスへの影響が小さい（スケールアップ／ダウンは一般的に、サービス停止や再起動を伴う）
- 性能拡張に合わせて、可用性も高められる

●スケールアップは限界に達すると、プロバイダのサービス拡充を待たなければ
ならない

　しかし、クラウドでスケールアウトが好まれるといっても、アプリケーションや
それを構成するソフトウェアの作り、または状況が、スケールアップに適している
ケースもあります。

　たとえば、CPUやI/Oのボトルネックが見つかり、目標の業務量を処理できな
くなったとしましょう。短期間、かつアプリケーションの変更なく解決したい状況
では、より多くのリソースを搭載したモデル、プランへのスケールアップは合理的
です。また、パフォーマンスチューニングで、必要なリソースを減らせるケースも
あるでしょう。スケールアウトに縛られてしまうと、これらの有効な選択肢を排除
してしまいがちです。

　しかし、安易なスケールアップは、硬直化につながります。典型例は**コストの硬
直化**です。筆者は「ひとまずスケールアップでしのごう」「業務量がピークアウト
する、またはパフォーマンスチューニングできたらスケールダウン、コストダウン
しよう」という状況に何度か直面しました。しかし、基準の合意や強い意志なしに
は、結局スケールダウンしないものです。

　スケールアウトを原則としながら、状況に応じてスケールアップを組み合わせる
のがよいでしょう。そしてスケールアップを選択した場合は、スケールアップ限界
に達した場合の方針、スケールダウンの要否と基準を合意しておくのがお勧めです。

　ところで、スケールアウトを優先すべき理由は、クラウドの中にもあります。ク
ラウドの内側にも想いを馳せてみましょう。

● サーバの手に入りやすさとコスト

　まず1つ目の理由は、クラウドで使われている**サーバの手に入りやすさとコス
ト**です。

　1,000CPUコア近く搭載できるサーバは、特別な存在です。SAP HANAのよ
うなスケールアップに最適化されたサービスで使われます。一方、そのほかのサー

ビスでは、入手しやすい2CPUソケット以下のサーバが主役です。

　たとえば、MicrosoftはOpen Compute Project（OCP）に参加しており、OCP仕様に沿うサーバを調達しています。2023年3月現在、OCPの公式サイトに登録されている汎用サーバ28種類の内訳は、1ソケットが9、2ソケットが17、4ソケットが2です。2ソケット以下の選択肢の豊富さは、4ソケットと比較になりません。製品の選択肢の多さは、入手しやすいだけでなく、健全な競争によるコストダウンにもつながります。

参考文献　Open Compute Project - Products
https://www.opencompute.org/products?refinementList%5Bhardware.categories.Server%5D=&page=1

　クラウドサービスが詳細なサーバ仕様を公開する機会はまれですが、仮想マシンのサービス仕様から、おおよそ想像できるでしょう。たとえば、Azureの汎用仮想サーバの執筆時点での最新世代（Standard Dv5シリーズ）は、Intel Xeon Platinum 8300シリーズプロセッサを搭載しています。Intel Xeon Platinum 8300シリーズのサポートする最大ソケット数は2なので、2ソケット以下のサイズ感であることがわかります。

参考文献　Dv5およびDsv5シリーズ
https://learn.microsoft.com/ja-jp/azure/virtual-machines/dv5-dsv5-series

参考文献　第3世代インテルXeonスケーラブル・プロセッサー・ファミリー
https://www.intel.co.jp/content/www/jp/ja/products/docs/processors/xeon/3rd-gen-xeon-scalable-processors-brief.html

● スケジューリング

　汎用サーバでも96仮想CPUコアが使えるようになると、スケールアップを真っ向から否定しにくくなりました。しかし、クラウドでは多くの利用者が設備を共有します。自由に使えるわけではありません。

　コンピュータの世界で、利用者やアプリケーションが必要とするリソースを割り当てることを**スケジューリング**と言います。クラウドの仮想マシンサービスで、利用者が指定した条件に合う配置先のサーバを決定することも、一種のスケジューリ

ングです。

スケジューリングで考慮される条件は多様です。たとえば、Azureの仮想マシンを作るとき、ユーザーは次のような条件を指定できます。

- リージョン
- 可用性ゾーン
- 可用性セット
- 近接配置グループ
- 仮想マシンのシリーズ／世代（Standard D/v5など）
- 接続するディスクの種類
- エフェメラルOSディスクの要否
- 高速ネットワークの要否

Azureのスケジューラは、これらの条件を満たすサーバの候補を絞り込みます。そして最終的に、CPUなど必要リソース量の条件を満たすサーバを選びます。

では図4-1のように、候補となるサーバが、96仮想コアを搭載したサーバ3台に絞り込まれたとしましょう。クラウドにしては候補数が少ないですが、説明のしやすさで3台とします。すでに多くの先客が仮想マシンを配置している状況を想像してください。

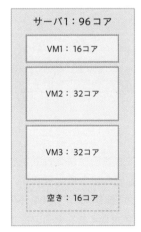

図4-1 サーバとVM配置のイメージ

　まず、32コアを超える仮想マシンを要求すると、それだけの空きを持つサーバがないため、作成は失敗します。また、冗長化のために複数の仮想マシンを別のサーバへ配置したいことがあります。空きが16コアしかないサーバがあるため、16コアを超える仮想マシンを要求すると、候補のサーバ数は2に減ります。さらに、24コアを超えると、条件を満たすサーバは1つしかないため、冗長化できません。

　クラウドには大量のサーバがあります。しかし、条件で絞り込んでいくと、候補が少なくなることもあります。たとえば新世代のサーバが徐々に増設されるケースでは、提供開始当初はスケジューリングを失敗する確率が高いです。

　スケジューリング失敗のリスクを軽減する効果的な方法は、要求サイズを小さくすることです。そして総リソース量を変えないよう、数を増やします。つまり、**スケールアウト**です。**図4-1**の例では、必要なCPUの総量が64コアであれば、32コアの仮想マシンを2個ではなく、16コアを4個にします（**図4-2**）。

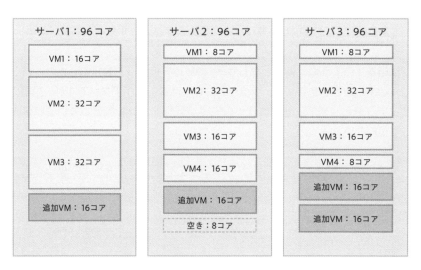

図4-2　16コア仮想マシンを4つ要求する

　さらに小さいサイズにすれば、スケジューリングを失敗するリスクも下がります。また、サーバ障害時にアプリケーションが受ける影響も小さくなります。**図4-2**の例では仮にサーバ3が使えなくなると、追加した仮想マシンの4分の2（50%）が使えなくなります。では、**図4-3**のように、要求サイズを8コアにすると、どうでしょうか。

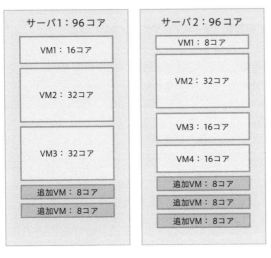
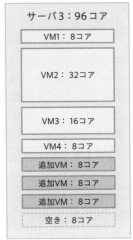

図4-3 8コア仮想マシンを8つ要求する

　追加の仮想マシンを最も多く配置したサーバの障害でも、影響は8分の3（37.5%）に軽減できます。後述するようにサーバの利用状況は常に変わるため、期待通りに分散されるとは限りませんが、小さなサイズでの要求は選択肢を増やし、バランスのよい分散配置の可能性を高めます。

　ところで、サーバに対する仮想マシンの割り当て状況は、常に変動します。たとえば、Azureでは、90%以上の仮想マシンは作成されてから24時間以内に削除されます。毎日同じ時間に、10,000を超える仮想マシンを作成し、実行後に削除するというアプリケーションも存在します。

参考文献 Resource Central - Microsoft Research
https://www.microsoft.com/en-us/research/publication/resource-central-understanding-predicting-workloads-improved-resource-management-large-cloud-platforms/

　コスト削減のため、まめに削除し必要なタイミングで再作成するという使い方は、クラウドならではです。その反面、いったんリソースを解放してしまうため、再作成時にスケジューリングを失敗する恐れがあります。そのリスクを緩和する意味でも、小さなサイズでのスケールアウトは有効です。

第4章 スケールアウトできるようにする

> ✏️ **Memo　サーバハードウェアの分割（ディスアグリゲーション）技術**

ここまで説明したように、仮想マシンのスケジューリングは、サーバの搭載リソースと使用状況に強く制約されます。執筆時点で、Azureで使われているサーバ仮想化技術は、複数サーバにまたがる仮想マシンを作成できません。つまり、サーバに搭載したリソースより大きな仮想マシンは、作成できません。本章ではCPUを例にしましたが、メモリも同様です。**図4-4**は、一般的なサーバラックの構成イメージです。

しかし、**図4-5**のように、たとえばメモリプールをサーバの外に配置し、複数のサーバで共有できるようになれば、どうでしょうか。必要なハードウェアリソースを、必要なタイミングでサーバに割り当てるわけです。スケジューリングの制約が大幅に緩和されるだけでなく、無駄も減らせます。執筆時点でAzureの仮想マシンは、「2仮想CPUと4GBメモリ」のように、CPUとメモリの決められた組み合わせでのみ作成できます。アプリケーションが必要とするCPU、メモリどちらかを優先すると、一方が過剰になりがちです。その問題を解決するのです。

図4-4
従来のサーバラック

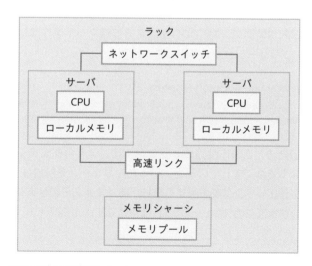

図4-5　メモリのディスアグリゲーション

このようにサーバのハードウェアを分離するアイデアを**ディスアグリゲーション**（Disaggregation）と呼びます。ディスアグリゲーションは新しいアイデアではなく、ディスクの分離はいまや珍しくありません。しかし、CPUとメモリは、CPU間、CPUとメモリ間のアクセス性能が大きな課題で、まだ一般化していません。そこでMicrosoftは、Compute Express Link（CXL）を使った分離の研究開発を進めています。メモリ分離については、その成果が論文として発表されています。

参考文献 Pond: CXL-Based Memory Pooling Systems for Cloud Platforms
https://www.microsoft.com/en-us/research/publication/pond-cxl-based-memory-pooling-systems-for-cloud-platforms/

ディスアグリゲーションが進んだ世界で、サーバという言葉が何を指すようになるか、楽しみですね。いつかCPUやメモリプールを組み合わせたラックをサーバと呼んだり、データセンターを1つのサーバと呼ぶ日が来るのでしょうか。

● PaaSで利用可能なリソース量

スケールアウトをお勧めする最後の理由は、**PaaSで利用できるリソース量**です。PaaSの活用で開発、運用工数を軽減できるのはクラウドの大きな魅力ですが、一般的には、仮想マシンほどリソースを割り当てることができません。たとえば、Azureのアプリケーション実行サービスであるAzure App Serviceで割り当てられるCPUリソースは、2023年3月時点で最大8コア（Premium v3）です。それを超えるリソースが必要な場合は、そのインスタンスを複数構成し、スケールアウトします。

PaaSの多くは、内部で仮想マシンを使っています。PaaSがインスタンスあたりのリソース量を抑えているのは、サービスごとのリソース使用特性に加え、先述した仮想マシンのスケジューリングを考慮し、使いこなしているからと言えます。

汎用サーバに搭載されるリソースの増加に合わせ、仮想マシンと同様にPaaSでも最大数量が増える可能性はあります。とはいえ、スケールアウトしやすいアプリケーションを設計時から意識してください。スケールアウトを可能にする仕組みの

後付けには、大きな労力を要するからです。

　なお、スケールアップできるPaaSでは、この限りではありません。たとえば、Azure SQL Databaseは2023年3月現在、単一データベースで128コアまで拡張可能です。

4-2　推奨事項

✿ セッションアフィニティやスティッキーセッションに依存しない

　セッションアフィニティや**スティッキーセッション**とは、同じクライアントからのリクエストを常に同じサーバに転送する仕組みです。一般的にはロードバランサの持つ機能です。従来使われてきた仕組みですが、できる限り使わないことをお勧めします。セッションアフィニティやスティッキーセッションには、クラウドの利点を損なう課題があるからです。

✿ 追加インスタンスを活かせない

　まず、スケールアウトで仮想マシンやコンテナ、プロセスなどのインスタンスを追加した際に、せっかく追加したインスタンスを活かしきれません。そういう機能なので当然ですが、**図4-6**のように、既存のセッションを持つトラフィックは、既存のインスタンスに転送されます。追加したインスタンスを活かせるのは、新たにセッションを開始するクライアントからのトラフィックのみに限定されてしまいます。

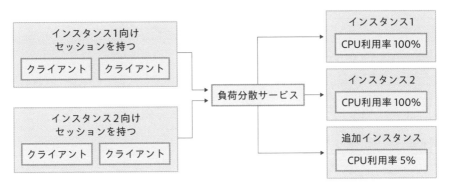

図4-6 追加インスタンスを活かせない

✿スケールインやメンテナンスに弱い

次に、**スケールインやメンテナンスに弱い**ことも課題です。**図4-7**に示すように、スケールインやメンテナンスに伴うインスタンスの削除、停止、再作成の際は、別のインスタンスへトラフィックを転送せざるを得ません。そのたびにセッション情報が失われる、たとえば再ログインを要求されるアプリケーションは、利用者体験がよくありません。スケールインによるコストの最適化、こまめな機能拡充や脆弱性対応は、クラウドの魅力です。トレードオフを理解し、対応しましょう。

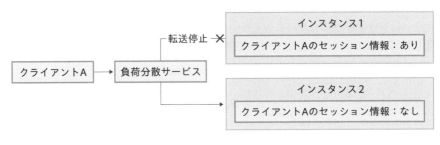

図4-7 スケールインやメンテナンスに弱い

✿セッション情報は外に持つ

図4-8のように、できる限り**セッション情報はRedis**など外部のセッションストアへ格納**し、どのインスタンスからでもアクセスできるようにしてください。

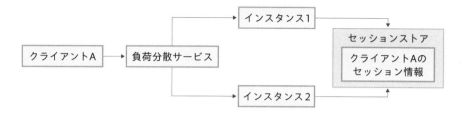

図4-8　セッションストアを使う

　なお、セッションアフィニティやスティッキーセッションを全否定しているわけ
ではありません。パフォーマンスの観点では、有用なケースもあります。

✻ 限界とボトルネックを把握する

　スケールアウトは、すべてのパフォーマンス問題を解決する魔法ではありませ
ん。たとえば、バックエンドのデータベースがボトルネックである場合、Web
サーバを追加しても解決しません。データベースなどステートフルな要素は、ボト
ルネックの典型例です。

　本番で問題が発生してからインスタンスを追加しても、手遅れになりがちです。
リリースする前に、スケールアウトで目標性能を達成できるか検証してください。
また、目標性能を達成できたとしても、ビジネス成長に伴って後から目標が上がる
可能性もあるでしょう。どれだけ拡張可能か、目標を超えた限界を探り、ボトル
ネックを把握しておくことをお勧めします。

　負荷生成には、Azure Load TestingやJMeterといったサービス、ツールが
役立つでしょう。また、検証においてはアプリケーション視点での性能や、リソー
スの利用状況を深掘りしたくなるはずです。Azure MonitorやAzure Application
Insightsなど、その分析を助けるサービスも合わせて検討してください。

✻ ワークロードで分離する

　アプリケーションは概して、拡張性の要件や特性が異なる複数の**ワークロード**で
構成されます。たとえば、顧客向けの公開サイトとは別に、管理者向けサイトがあ

るアプリケーションです。公開サイトは突然のトラフィック増加の可能性がある一方、管理サイトの負荷は小さく、予測がしやすいものです。

　ワークロードが違えば、スケールアウトに関する特性も異なるケースが多いでしょう。特性が違えば、適した方式、追加するリソースの単位なども変わります。同じリソースやサービスを共有せず、分離することも検討してください。

　なお、コストを重視し、あえて分離しないという戦略もあります。トレードオフを理解したうえで判断してください。

✎ **Memo**　ワークロードとは

　ワークロードという言葉ですが、筆者は従来、「コンピュータの仕事量、作業負荷を表現する」ことに使ってきました。しかし昨今、そうではない使われ方が散見されます。調査しましたが、広く合意されている定義は見当たりません。

　たとえば次は、Microsoftの公式ドキュメントからの引用です。

> クラウド導入において、ワークロードとは、定義されたプロセスを集合的にサポートするIT資産（サーバー、VM、アプリケーション、データ、またはアプライアンス）の集まりです。

出典 クラウド導入計画のワークロードを定義し、優先順位を付ける
https://learn.microsoft.com/ja-jp/azure/cloud-adoption-framework/plan/workloads

　ほかにも見てみましょう。AWSの公式ドキュメントでは、どのように定義しているでしょうか。

> ワークロードは、リソースと、ビジネス価値をもたらすコード（顧客向けアプリケーションやバックエンドプロセスなど）の集まりです。

出典 ワークロード
https://docs.aws.amazon.com/ja_jp/wellarchitected/latest/userguide/workloads.html

第4章 スケールアウトできるようにする

　ハードウェア、ソフトウェアを問わず、共通の目的と特性を持つIT資産の集合、というイメージでしょうか。アプリケーションとの関係が気になりますが、本書では次のように解釈します。

- ソフトウェアとしてのアプリケーションは、ワークロードに含まれる
- 本書の定義である「価値を提供する単位」としてのアプリケーションは、ワークロードを含む

🎋 多くのリソースを消費するタスクを分離する

　可能であれば、多くのCPUやI/Oを必要とするタスクを、応答時間を重視する処理とは別のリソースやサービスへ分離します。たとえば、フロントエンドと、リソースを貪欲に消費する集計処理を分離します。**第2章 自己復旧できるようにする** p.056 で紹介したバルクヘッドパターンを使うのもよいでしょう。リソースの使用率が高まると、待ち時間は線形ではなく、急激に悪化します。これは経験からだけでなく、待ち行列理論でも説明できます。

参考文献 Active Directory Domain Servicesのキャパシティプランニング
- 応答時間 / システムのビジー状態がパフォーマンスに与える影響
https://learn.microsoft.com/ja-jp/windows-server/administration/performance-tuning/role/active-directory-server/capacity-planning-for-active-directory-domain-services#response-timehow-the-system-busyness-impacts-performance

　なお分離の要否、可否にかかわらず、応答時間を重視するアプリケーションでは、リソース使用率と応答時間の関係を意識的に把握しましょう。Azure MonitorやAzure Application Insightsなどが役立ちます。

🎋 自動スケール機能を使う

　多くのクラウドサービスは、**自動スケール**機能を提供しています。

参考文献 自動スケール
https://learn.microsoft.com/ja-jp/azure/architecture/best-practices/auto-scaling

✿ 時間を指定する

　予測可能なワークロードは、時間を指定してスケールアウトします。たとえば、利用者リクエストのピーク時間帯などです。

　負荷増が事前に想定できる場合には、時間指定をお勧めします。メトリクスによるトリガは、検知からスケールアウト完了までに時間がかるからです。たとえば、企業や製品がテレビのニュースに取り上げられると、瞬間的に関連サイトのリクエスト数が増加します。スケールアウトがニュース内に終わらなければ、サイトの訪問者は待たされ、あきらめてしまうでしょう。サイトの認知度を上げる機会を失うだけでなく、イメージダウンにつながります。取り上げられることがわかっているのであれば、番組開始前のスケールアウト完了が理想です。

✿ メトリクスを使う

　一方、事前の予測が難しい場合は、CPU使用率やキュー内のメッセージ数などのメトリクスを使ってスケールアウトをトリガします。

　メトリクスを使う場合は、アプリケーションに適したメトリクスとしきい値を検討してください。たとえば、フロントエンドで応答時間を重視するアプリケーションでは、CPU使用率が高くなる前にトリガしたいはずです。一方、できる限りCPUを使い切りたいバッチアプリケーションもあるでしょう。また、リソースの使用率ではなく、タスクの量で判断したいこともあります。そのようなケースでは、キュー内の滞留メッセージ数がよく使われるメトリクスです。

✿ はじめから完璧を求めない

　加えて、はじめから完璧なメトリクスとしきい値を求めないでください。アプリケーションの成熟、利用者の使い方によって、適したメトリクスやしきい値は変化する可能性があるからです。本番運用中も、定期的な見直しをお勧めします。

　なお、機械学習を使った**予測スケーリング**が使えるサービスもあります。しかし、「いつもの傾向と異なる」と判断するのに機械学習は役立ちますが、アプリケーションの起動時間を短縮するわけではありません。よって過信は禁物です。起動時間については、次で触れます。

第4章　スケールアウトできるようにする

✿ アプリケーションが短時間で起動するよう工夫する

　自動スケールに限った話ではありませんが、すばやくスケールアウトするためには、アプリケーションの起動時間を意識してください。起動時にサイズの大きなファイルをダウンロードしたり、時間のかかるインストールスクリプトなどを実行したりしないようにしましょう。仮想マシンであればできる限りのセットアップをしたイメージを作っておく、コンテナであればできる限りサイズを小さくする、キャッシュを効かせるなど工夫してください。

　また、時間のかかるスタートアップ処理も避けましょう。たとえば、起動時に大量のデータを選択、加工しながらメモリ上に取り込む処理です。適したデータストアを使う、事前にデータを準備しておくなどの工夫をお勧めします。

✿ 安全にスケールインする

　負荷の減少に合わせて**スケールイン**する場合、インスタンスの削除、停止を安全に実行してください。いわゆる、**グレースフルシャットダウン**です。

✿ グレースフルシャットダウン

　まず、サービスがインスタンスの削除、停止イベントをアプリケーションに通知できる場合、適切に終了処理を行ってください。たとえば、Kubernetesではコンテナ（Pod）を停止する際、コンテナランタイムがコンテナへシグナル（SIGTERM）を送ります。アプリケーションを安全に終了するシグナルハンドラを実装してください。

　グレースフルシャットダウンの実装例をいくつか紹介します。

　Spring Bootはグレースフルシャットダウンをサポートし、容易に有効化できるフレームワークです。Spring Bootでは、**リスト4-1**のように設定します。

リスト4-1 Spring Bootのグレースフルシャットダウンの設定（YAML）

```yaml
server:
  shutdown: "graceful"
spring:
  lifecycle:
    timeout-per-shutdown-phase: "20s"
```

出典 Spring Boot Reference Documentation - Graceful Shutdown
https://docs.spring.io/spring-boot/docs/3.0.2/reference/htmlsingle/#web.graceful-shutdown

　この設定によってSpring Bootは、SIGTERM受信後にすぐ停止するのではなく、まず新規リクエストの受け付けを停止し、かつ処理中のリクエストが完了できるよう待機します。待機時間は、`spring.lifecycle.timeout-per-shutdown-phase`で指定できます。

参考文献 Spring Boot Reference Documentation - Kubernetes Container Lifecycle
https://docs.spring.io/spring-boot/docs/3.0.2/reference/html/deployment.html#deployment.cloud.kubernetes.container-lifecycle

　また、自分でシグナルハンドラを書くこともあるでしょう。**リスト4-2**はGoのWebフレームワークであるGinで、グレースフルシャットダウンを実現するサンプルです。

リスト4-2 Ginでグレースフルシャットダウンを行うサンプル（Go）

```go
func main() {
    // Create context that listens for the interrupt signal from the OS.
    ctx, stop := signal.NotifyContext(context.Background(), syscall.SIGINT, syscall.SIGTERM)
    defer stop()

    router := gin.Default()
    router.GET("/", func(c *gin.Context) {
        time.Sleep(10 * time.Second)
        c.String(http.StatusOK, "Welcome Gin Server")
    })

    srv := &http.Server{
        Addr:    ":8080",
        Handler: router,
    }

    // Initializing the server in a goroutine so that
    // it won't block the graceful shutdown handling below
    go func() {
```

```
    if err := srv.ListenAndServe(); err != nil && err != http.ErrServerClosed {
        log.Fatalf("listen: %s\n", err)
    }
}()

// Listen for the interrupt signal.
<-ctx.Done()

// Restore default behavior on the interrupt signal and notify user of shutdown.
stop()
log.Println("shutting down gracefully, press Ctrl+C again to force")

// The context is used to inform the server it has 5 seconds to finish
// the request it is currently handling
ctx, cancel := context.WithTimeout(context.Background(), 5*time.Second)
defer cancel()
if err := srv.Shutdown(ctx); err != nil {
    log.Fatal("Server forced to shutdown: ", err)
}

log.Println("Server exiting")
}
```

出典　Gin Web Framework - examples
https://github.com/gin-gonic/examples/blob/001f7ac527ee46d6404db92955c69b6031108
6d8/graceful-shutdown/graceful-shutdown/notify-with-context/server.go#L17

　signal.NotifyContextで、SIGINTとSIGTERMの受信を通知するコンテキストを作ります。goroutineにてmain関数と並行してsrv.ListenAndServe()でHTTPサーバを起動しますが、main関数は<-ctx.Done()にてシグナルの受信を待ちます。シグナルを受信するとmain関数の処理が進み、サーバをシャットダウンするsrv.Shutdown(ctx)が呼ばれます。

　このサンプルで使っているHTTPサーバ（net/httpパッケージ）のShutdownメソッドは、グレースフルシャットダウンを行います。Shutdownメソッドは、呼び出されるとリスナを停止し、新規リクエストの受け付けを停止します。そして処理中のリクエストが完了し、すべてのコネクションがアイドルになるまで待機します。それからシャットダウンを行います。

参考文献　net/http - Shutdown
https://pkg.go.dev/net/http@go1.19.5#Server.Shutdown

　なお、このサンプルではcontext.WithTimeoutで、5秒経過したらタイムアウトするコンテキストを作ってShutdownメソッドに渡しています。よって、5秒

経過してもシャットダウンが終わらない場合はエラーとなり、log.Fatalで強制的にプロセスを終了します。

グレースフルシャットダウンの実装を、イメージできたでしょうか。

❁ 呼び出す側の配慮

ところで、削除、停止される側だけでなく、そのインスタンスへアクセスするクライアントでも配慮が必要です。残ったインスタンスでリクエストを処理できるよう、再試行します。**第2章 自己復旧できるようにする ＞ 失敗した操作を再試行する** p.044 を参考にしてください。

❁ タスクの分割

実行時間の長いタスクは、スケールインを難しくします。タスクの完了待ちやキャンセルに伴うやり直しの影響を小さくするため、タスクの分割を検討してください。**第2章 自己復旧できるようにする ＞ 実行時間の長い処理にチェックポイントを設ける** p.064 で解説したように、チェックポイントを設けるとよいでしょう。

また、タスクを分割しパイプライン処理する、パイプとフィルタというパターンもあります。図4-9のように、小さなタスク（フィルタ）に分割し、かつパイプラインで並行に動かすパターンです。

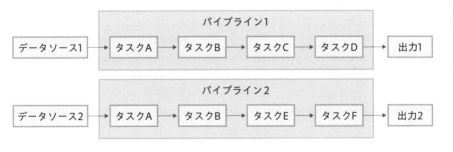

図4-9 パイプとフィルタのパターン

参考文献 パイプとフィルターのパターン
https://learn.microsoft.com/ja-jp/azure/architecture/patterns/pipes-and-filters

　タスクを小さく、シンプルな機能に分割することで、異なる目的のパイプラインでも再利用しやすくなります。1つのことをうまくやるプログラムを書き、それをつなぐ、というUNIX哲学に似たものを感じます。しかし、クラウドではUNIX哲学のようにタスク間を標準入出力でつなぐのではなく、キューなどのメッセージブローカで接続する、またはオーケストレータで制御することをお勧めします。これにより、タスクやパイプラインを同じマシンで動かす必要がなくなり、性能を拡張しやすくなります。また、回復性も高まります。

　なお、パイプとフィルタのパターンは、**第3章 調整を最小限に抑える ＞ オーケストレーションフレームワークを検討する** `p.085` で紹介した、Durable Functions を使うと実現しやすいです。

✎ **Memo**　Crash-only Software

　グレースフルシャットダウンの有用性には疑いがありません。しかし、したくてもできないケースがあります。たとえば、ハードウェア障害です。また、インスタンスの削除、停止のシグナルを送らないサービスやプラットフォームソフトウェアもあります。

　この課題は、WebアプリケーションやSaaS（Software as a Service）の設計原則として著名な**The Twelve-Factor App**でも、触れられています。

> また、下層のハードウェアの障害に関して言えば、プロセスは突然の死に対して堅牢であるべきである。このような事態が起こることは、SIGTERMによるグレースフルシャットダウンに比べればずっと少ないが、それでも起こりうる。この対策として推奨される方法は、Beanstalkdなどの堅牢なキューイングバックエンドを使い、クライアントの接続が切断されたり、タイムアウトしたときにジョブをキューに戻せるようにすることである。どちらにしても、Twelve-Factor Appは予期しないグレースフルでない停止をうまく処理できるよう設計される。「クラッシュオンリー」設計はこのコンセプトをその論理的帰結に導く。

出典 The Twelve-Factor App - IX. 廃棄容易性
https://12factor.net/ja/disposability

クラッシュオンリー設計という言葉が出てきました。このアイデアは、USENIX HotOS IXで発表された論文「Crash-only Software」がもとになっています。突然終了してもよいように、高度な終了処理を試みず、単に再起動するだけで障害から回復できるプログラムを指します。

　実現手段は、Twelve-Factor Appで紹介されているキューのほかにもあります。たとえば、「プログラムの終了時に限らず常にデータを永続化する」「処理をアトミックにする」「起動時に整合性チェックなど回復処理を行う」などです。

参考文献 Crash-only software: More than meets the eye
https://lwn.net/Articles/191059/

　クラッシュオンリー設計とグレースフルシャットダウンは、二者択一ではありません。いつクラッシュしてもよいように作り、かつ、シグナルを受け取れる環境ではグレースフルシャットダウンする、という組み合わせもできます。たとえばデータの永続化など最低限行うべきことはクラッシュオンリー設計で、加えて安全にセッションを終了するためにグレースフルシャットダウンを行う、という方針は矛盾しません。

　「クラッシュオンリー」という言葉のインパクトで、何やら過激な印象を受けてしまいますが、まっとうな主張です。言葉の印象の強さを活かし、心にとめておきましょう。

4-3 まとめ

　本章では、スケールアウトがなぜクラウドの性能拡張で好まれ、適しているのか、その背景をクラウドの中の事情も交えて解説しました。そして、スケールアウトだけでなく、スケールインしやすいアプリケーションを作るための推奨事項も紹介しました。必要なときに必要なリソースだけを使ってコストを最適化できるのは、クラウドの価値です。その価値を引き出せるようにしましょう。

　いつの日か、容易にスケールアップ／ダウンできる技術が提供される可能性は十分あります。しかし現状では、スケールアウトを原則としながら、状況に応じてスケールアップを組み合わせるのがよいでしょう。

第5章

分割して
上限を回避する

Partition around limits

　「クラウドは雲。空に浮かぶ雲のように、無限のリソースがある」などという主張を信じてはいけません。**第1章 すべての要素を冗長化する** p.001 でも解説したように、ネットワークの先には**コンピュータ**があります。無限なわけがありません。

　クラウドに限らず、コンピュータには数々の上限があります。CPU数のような物理的な上限だけでなく、同時接続数など論理的な上限もあります。オンプレミスの占有システムと比べ、物足りないと感じる上限もあるでしょう。

　クラウドサービスは、ユーザーがリソースを安全でフェアに共有できるよう、ルールやポリシーのもとリソースを割り当てています。その代表例が**上限**です。上限を設けることで、突発的なリソースの枯渇や性能劣化を防いでいます。ユーザーが上限の緩和を要求できるサービスやリソースもありますが、認められるのはリソースに余裕がある場合に限られます。常に認められるわけではありません。

　解決策はシンプルです。**上限に達しないよう、分割すればよい**のです。

クラウドサービスの上限を理解する

● どのような上限があるのか

　クラウドサービスの上限について、Azureを例に具体的に見ていきましょう。Azureの各上限は、公式ドキュメントにまとまっています。

参考文献　Azure サブスクリプションとサービスの制限、クォータ、制約
https://learn.microsoft.com/ja-JP/azure/azure-resource-manager/management/azure-subscription-service-limits

　上限の種類は、大きく2つに分類できます。**サービス全体の上限**と、**サービスやリソース個別の上限**です。加えて、それらを操作するAPIにも**リクエスト数の上限**があります。

参考文献　Resource Managerの要求のスロットル
https://learn.microsoft.com/ja-jp/azure/azure-resource-manager/management/request-limits-and-throttling

　以降で具体例としてAzureのサービス上限をいくつか紹介します。特に断りがない限り、2023年3月時点のものです。

● サービス全体の上限

　クラウドサービスは、さまざまな種類のサービスやリソースの集合体です。その構造の把握は、上限を理解する助けになります。そのため、まず簡単にAzureのリソース構造について解説します。

　Azureには**サブスクリプション**という概念があります。サブスクリプションは契約を表す識別子ですが、スケール、管理上の境界でもあります。次に示す文字列は、リソースIDからサブスクリプション部分を抜き出したものです。

```
/subscriptions/{subscriptionId}
```

　そしてサブスクリプションの下に、リソースを論理的にグループ化する、**リソースグループ**があります。

```
/subscriptions/{subscriptionId}/resourceGroups/{resourceGroupName}
```

　また、リソースの種類に応じて、それを管理する**リソースプロバイダ**が存在します。リソースプロバイダには名前空間が存在し、その下に**リソースタイプ**がある、という階層構造です。

　ということで、完全な**リソースID**は、次のように表現します。

```
/subscriptions/{subscriptionId}/resourceGroups/{resourceGroupName}/providers/➡
{resourceProviderName}/{resourceType}/{resourceName}
```

　たとえば、samplevmという名前の仮想マシンのリソースIDは、こうなります。

```
/subscriptions/aaaaaaaa-bbbb-cccc-dddd-eeeeeeeeeeee/resourceGroups/rg-sample/providers/ ➡
Microsoft.Compute/virtualMachines/samplevm
```

　仮想マシンスケールセットは、仮想マシンと同じMicrosoft.Compute名前空間にありますが、IDは次のようになります。

```
/subscriptions/aaaaaaaa-bbbb-cccc-dddd-eeeeeeeeeeee/resourceGroups/rg-sample/providers/ ➡
Microsoft.Compute/virtualMachineScaleSets/samplevmss
```

　この階層は、Azureの内部的な管理構造を反映しています。Azureの上限の多くはこの階層に従い、サブスクリプションやリソースグループ単位で、リソースプロバイダの特性に応じて設定されます。

　サービス全体の上限で最も重要なのは、**サブスクリプションあたりのリソースグループ数**でしょう。980が上限です。980を超えるリソースグループが必要な場合は、サブスクリプションを分割します。1つのアプリケーションで980を超えるケースはまれですが、全社で1つのサブスクリプションを共有し超えた例もあります。万能な1つのサブスクリプションを目指し共有するのではなく、目的や特性、オーナーシップに応じてサブスクリプションを分ける運用をお勧めします。

> **参考文献**　サブスクリプションに関する考慮事項と推奨事項
> https://learn.microsoft.com/ja-jp/azure/cloud-adoption-framework/ready/landing-zone/
> design-area/resource-org-subscriptions

● サービスやリソース個別の上限

　サービスやリソース個別の上限には、次のようなものがあります。

- ●最大仮想マシン数：サブスクリプションごとに、リージョンあたり25,000
- ●仮想マシンスケールセットあたりの最大仮想マシン数：1,000
- ●Azure SQL Database 最大データサイズ：100TB（Hyperscale Gen5）
- ●Azure SQL Database 最大同時セッション数：30,000（Hyperscale Gen5）
- ●Azure App Serviceプランあたりの最大インスタンス数：30（Premium v3）

上限の多寡はアプリケーションによりますが、超える可能性は事前に考慮すべきです。**第10章 ビジネスニーズを忘れない ＞ 成長を加味して計画する** p.223 でも触れます。超える可能性が高い場合は、前もってリソースの分割方針を検討しましょう。

推奨事項 5-2

✿ データストアをパーティション分割する

上限に達しやすいリソースの1つは、データベースを代表とする**データストア**です。ビジネスロジックを動かす**アプリケーションインスタンス**（仮想マシンやコンテナ、プロセス）は、ステートレスな作りにすることでスケールアウトできます。一方、代わりにステートやデータを保存する受け皿が必要で、それがデータストアだからです。データストアは、多くのアプリケーションインスタンスに共有され、ボトルネックになりやすい要素です。

データストア分割の基本戦略は3つあります。**水平的**、**垂直的**、**機能的**です。

参考文献 データのパーティション分割のガイダンス
https://learn.microsoft.com/ja-JP/azure/architecture/best-practices/data-partitioning

✿ 水平的分割（シャーディング）

水平的分割（シャーディング）では、データを複数のパーティションに分割し、すべてのパーティションが同じ列、項目を持ちます。各パーティションは**シャード**とも呼ばれ、データの特定のサブセットです。たとえば、**図5-1**のように、名前がA～Mで始まる顧客とN～Zで始まる顧客を、それぞれ異なるシャードに配置します。

第5章 分割して上限を回避する

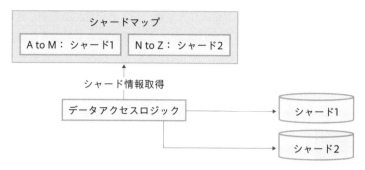

図5-1　シャーディングの概念

参考文献　シャーディングパターン
https://learn.microsoft.com/ja-jp/azure/architecture/patterns/sharding

　Azure Cosmos DBのように水平的分割の仕組みを組み込んでいるデータスト
アを使えば、シャーディングは容易です。Azure Cosmos DBでは**図5-2**のよう
に、それぞれのデータ（アイテム）はユーザーが指定したパーティションキーに
よって論理パーティションに分割されます。そして、Azure Cosmos DBが内部
で物理パーティションに割り当てます。ユーザーが物理的な分割や配置に悩まされ
ることはありません。

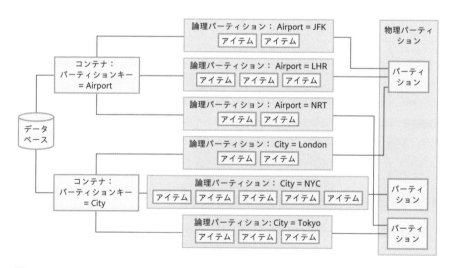

図5-2　Azure Cosmos DBの水平的分割コンセプト

参考文献　Azure Cosmos DBでのパーティション分割と水平スケーリング
https://learn.microsoft.com/ja-jp/azure/cosmos-db/partitioning-overview

　また、Azure Cosmos DB for PostgreSQLのように、リレーショナルデータベースのテーブルの視点で分割できるものもあります。Azure Cosmos DB for PostgreSQLは、Azure Cosmos DBのほかのAPI、データモデルと異なり、コーディネータとワーカに役割が分かれています。そして、ユーザーやアプリケーションはコーディネータ経由でデータを操作します。**図5-3**は、usersテーブルを**分散テーブル**として定義する例です。この例では、分散キーとしてcityを指定しています。ユーザーやアプリケーションは、分散されたテーブルがどのワーカにあるかを意識する必要はありません。コーディネータにクエリを投げるだけです。

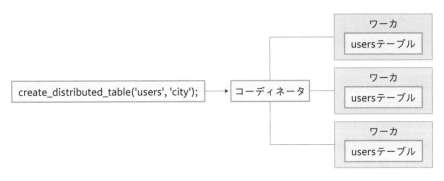

図5-3　Azure Cosmos DB for PostgreSQLの分散テーブル定義

参考文献　PostgreSQL用Azure Cosmos DB
https://learn.microsoft.com/ja-jp/azure/cosmos-db/postgresql/introduction

　なお、利用したいデータストアが水平的分割をサポートしていない場合は、データストアを複数配置し、ユーザーやアプリケーションが接続するデータストアを判断します。**リスト5-1**は、C#でシャードを構成するデータストアの接続情報を取得するメソッドの例です。データストア接続時には、ハッシュなどで接続するシャードIDを決定し、GetShardsの戻り値からそのIDに対応するシャードの接続文字列を得ます。

リスト5-1　シャードを構成するデータストアの接続情報を取得するメソッド（C#）

```
private IEnumerable<ShardInformation> GetShards()
{
  return new[]
  {
    new ShardInformation
    {
      Id = 1,
      ConnectionString = ...
    },
    new ShardInformation
    {
      Id = 2,
      ConnectionString = ...
    }
  };
}
```

出典 シャーディングパターン
https://learn.microsoft.com/ja-jp/azure/architecture/patterns/sharding

　なお、ゼロから書くのではなく、Apache ShardingSphereなどシャーディングを支援するツール、ライブラリを使う手もあります。

参考文献 Apache ShardingSphere
https://shardingsphere.apache.org/

　シャードの構成と管理は、複雑で手間のかかる作業です。監視、バックアップとリストア、整合性のチェック、ログ記録、監査などさまざまなタスクを、複数のシャードに対し一貫性を持って行えるか、運用が確立できるかは、よく検討してください。特に、有事の回復作業を自信を持って行えるかは検討ポイントです。もし難しいと考える場合は、無理せずにシャーディング機能が組み込まれたデータストアを選択したほうがよいでしょう。

　シャーディングの設計で最も重要なのは、**データをどのシャードに配置するかを決定するシャーディングキーの選択**です。運用が始まると、その後のキー変更は非常に困難です。キーは、できるだけ均等に分散できるものを選んでください。

　ちなみに、シャードを同じ**サイズ**にする必要はありません。**アクセス数**つまり要求性能をシャードで均等にするほうが重要です。そして、**ホット**なシャードができないようにします。たとえば先述の、顧客名の最初の文字をキーにする設計は、実

は分散が不均等になりかねない悪い例です。名前にはよく使われる文字とそうでないものがあり、偏るからです。代わりに顧客IDのハッシュ値などを使い、より均等に分散するようにします。シャーディングを組み込んでいるデータストアを使う場合には、どのように分散されるか、仕様を確認してください。

そして当然ながら、それぞれのシャードもサイズと要求性能の観点でデータストアの上限を超えないようにします。

なお、シャーディングは、後述する垂直的、機能的分割と組み合わせて使うこともあります。サイズや要求性能の大きなデータストアでは、検討してください。

✵ 垂直的分割

垂直的分割では、データストアを列方向に、使用パターンに従って分割します。たとえば、頻繁にアクセスされる列を1つのテーブルに、使用頻度の少ない列をまとめて別のテーブルに配置します。

図5-4のような列構造の製品テーブルがあったとします。

- 製品ID（id）
- 製品名（name）
- 製品の説明（description）
- 在庫数（stock）
- 価格（price）
- 最終注文日（last_ordered）

product	
string	id
string	name
string	description
int	stock
int	price
timestamp	last_ordered

図5-4　製品テーブル（垂直的分割前）

第5章　分割して上限を回避する

　このテーブルを、**図5-5**のように2つに分割します。まずは製品名、説明、価格など、アクセス頻度が高く、変更の少ないデータを持つテーブルです。もう一方は、在庫データ（在庫数と最終注文日）テーブルです。

product	
string	id
string	name
string	description
int	price

stock	
string	product_id
int	stock
timestamp	last_ordered

図5-5　製品テーブル（垂直的分割後）

　変動が比較的少ないデータを、より動的なデータから分離することで、アクセス特性に応じた最適化ができます。この例では、頻繁にアクセスされるテーブルに含める列を静的なものに絞り、キャッシュしやすくしています。

✳ 機能的分割

　第3章 調整を最小限に抑える ＞ ドメインイベントを検討する `p.077` で、アプリケーションのドメインを人や組織とその関心事によって分割する例を紹介しました。本の販売であれば、売れ行きを予想して仕入れる人と、倉庫で在庫管理をする人では、本に対する関心事や言葉づかいが違うでしょう。同様に、データもビジネスの文脈で分割できるケースがあります。マイクロサービスアーキテクチャのように、サービスとして独立させることも少なくありません。

　また、**第3章 調整を最小限に抑える ＞ CQRSやイベントソーシングパターンを検討する** `p.078` で解説したように、読み取りと書き込みでデータを分割するアイデアもあります。書き込みはビジネスルールを表現、検証しやすいモデルが適していますが、読み込みは多様なクエリに合わせた表現が求められます。分割すれば、それぞれにモデルを最適化できます。

参考文献 データのパーティション分割のガイダンス
https://learn.microsoft.com/ja-JP/azure/architecture/best-practices/data-partitioning

参考文献 具体化されたビュー（マテリアライズドビュー）パターン
https://learn.microsoft.com/ja-jp/azure/architecture/patterns/materialized-view

❀ エンドツーエンドで把握する

　アプリケーションを構成する、すべてのサービスやリソースの**上限**を把握してください。そして、サービスやリソース個別の上限の確認に合わせ、その階層構造を把握し、どのようにつながっているかを理解します。また、アプリケーションで発生するリクエストやイベントが、各サービスにどのように伝搬するのか、その流れも確認してください。PaaSを組み合わせる場合でも、仮想マシンを中心に構成する場合でも、どちらでも重要です。

　仮想マシンにアプリケーションを配置するケースを考えてみましょう。仮想マシンは複数のサービスで構成されています。たとえば、仮想マシンのディスクは、ローカルディスクだけではありません。Azureを例に挙げると、リモートディスクは仮想マシンとは別のリソース（マネージドディスク）です。そして仮想マシンは、仮想ネットワークに配置されます。つまり仮想マシンの上限だけでなく、ストレージやネットワークの上限も合わせて確認する必要があるのです。そして、仮想マシンあたりの上限だけでなく、サブスクリプションあたりの上限もあります。**図5-6**に、代表的な上限とその関係を示します。

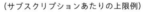

図5-6　仮想マシンに関するさまざまな上限

　そして、仮想マシンだけで成り立つアプリケーションは少ないです。仮想マシン間のメッセージ送信をキューで行ったり、データストアサービスに接続したりするでしょう。それぞれに、サービスの特性に応じた上限があります。

　これらの上限は、Azureであれば先述のドキュメントに整理されています。設

計時に目を通してください。

参考文献　Azure サブスクリプションとサービスの制限、クォータ、制約
https://learn.microsoft.com/ja-JP/azure/azure-resource-manager/management/azure-
subscription-service-limits

✿ 動かして把握する

　開発の早い段階でアプリケーションを動かし、上限に達する可能性を把握することをお勧めします。プロトタイプでも、アプリケーションの一部でもかまいません。リクエストやイベントに応じて、どのサービスにどれだけのリソースが必要となるのか、検討の基礎となるデータを取得してください。アプリケーションの構成要素が多様化し、分業も進む昨今では、机上だけでの把握は困難です。クラウドでは必要なタイミングでリソースを割り当て、終わったら解除できます。この特徴を活かし、早めに、こまめに検証、把握しましょう。

　そして、アプリケーションのリリースは、アプリケーションのライフサイクルの終わりではありません。運用に入ってからも、要件を超える数のリクエストが発生していないか、上限に達するリスクがないか、継続的に監視してください。

　上限に達するリスクが認められれば、分割戦略を考えておきましょう。

✿ デプロイスタンプパターンを検討する

　上限によっては、アプリケーションを構成するサービスを複数の**スタンプ**へ分割する手法が効果的なケースもあります。スタンプ、つまり判を押すように同じ構成のリソースを配置するため、**デプロイスタンプ**パターンと呼ばれます。**図5-7**の概念図は、Azure App ServiceとAzure SQL Databaseのスタンプを複数構成したシンプルなスタンプの例です。Azure App Serviceのスケールアウト、Azure SQL Databaseのスケールアップで1つの環境を拡張するのではなく、Azure App ServiceとAzure SQL Databaseのセットを複数構成します。

参考文献 デプロイスタンプパターン
https://learn.microsoft.com/ja-jp/azure/architecture/patterns/deployment-stamp

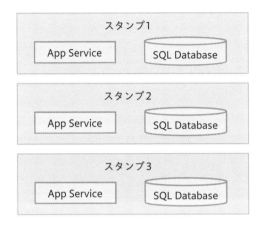

図5-7　デプロイスタンプパターン

デプロイスタンプパターンを実装するには、重要な2つの考慮点があります。

インフラストラクチャのコード化

1つ目は、**判を押したように同じ構成のリソースを作り、維持する仕組み**です。たとえスタンプ数が2であっても、手作業で同じ構成を作り、維持するのは難しいものです。作業ミスや漏れによる不整合は起きやすく、作業工数は単純に見積もってもスタンプ数の掛け算で増えます。加えて、スタンプ間の整合性を維持するための確認工数が必要です。手作業は、現実的ではありません。

デプロイスタンプパターンを採用するのであれば、インフラストラクチャのコード化（Infrastructure as Code）による自動化は重要な検討項目です。Azure Resource Managerテンプレートや Bicepのようにクラウドプロバイダが提供するツールだけでなく、Terraform や Ansible など複数のクラウドに対応するツールもあります。詳しくは**第6章 運用を考慮する** p.129 で解説します。

トラフィックのルーティング

そして2つ目は、**トラフィック（リクエスト）のルーティング**です。スタンプを作るたび、アプリケーション利用者に対して「あなたのスタンプは1です。こ

のスタンプのURLは https://stamp1.exampleapp.example.com です」とは言いにくいでしょう。できれば、収容先のスタンプを意識させることなく、同じURLを案内したいはずです。

　そこで、収容スタンプに対してトラフィックをルーティングする仕組みを実装します。**図5-8**は、Azure API Managementが複数のスタンプへトラフィックをルーティングする例です。

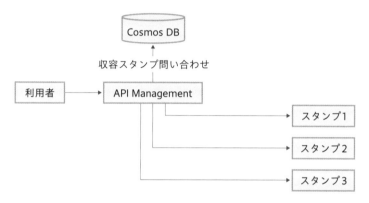

図5-8　API ManagementとCosmos DBによるトラフィックルーティング

　まず、Azure Cosmos DBには、スタンプIDとスタンプのURLの対応レコードを格納しておきます。そして、Azure API Managementで、ルーティングするスタンプのURLを決定するポリシーを作ります。リクエストに含まれるスタンプIDを抜き出し、Azure Cosmos DBに対しそのIDに対応するスタンプのURLを問い合わせるポリシーです。

　Azure API Managementは、このポリシーで、リクエストに含まれるスタンプIDを抜き出し、適切なスタンプへリクエストを送ります。

　なお、スタンプをリージョンに分割配置したい、というケースもあるでしょう。グローバルに提供するが、収容先のスタンプは利用者の居住国にしたいアプリケーションなどです。このような場合でも、基本的な考え方は同じです。**図5-9**は、東日本リージョンと米国東部リージョンにスタンプを分割配置した例です。

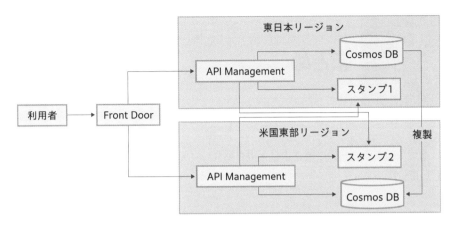

図5-9 API ManagementとCosmos DBによるグローバルトラフィックルーティング

　まず、リージョンへのトラフィックルーティングを行う仕組みが必要です。例で
は、Azure Front Doorとしました。Azure Front Doorのように、クライア
ントからのネットワーク的な近さでルーティングできる仕組みを使えば、近いスタ
ンプのあるリージョンへ誘導されます。

　なお、海外の利用者が旅行で日本に来た場合には、トラフィックはその時点で
ネットワーク的に近い東日本リージョンにルーティングされます。しかし、Azure
API Managementのポリシーで収容先スタンプをAzure Cosmos DBから取
得するため、リクエストは最終的に収容先の米国東部のスタンプへと送られます。
スタンプ収容先データはAzure Cosmos DBでリージョン間複製されるため、そ
れぞれのリージョンでデータ入力、メンテナンスを行う必要はありません。

まとめ

　本章ではクラウドのさまざまな上限を紹介し、それを回避する分割アイデアを紹介しました。

　非クラウドの占有システムで設計と設備選定の自由度が高い環境に慣れた技術者ほど、クラウドのさまざまな上限に息苦しさを感じるでしょう。しかし、クラウドの進化によって、日々その上限値は上がっています。筆者もはじめは息苦しかったのですが、数年の間に多くの上限が緩和され、そこに達する機会は少なくなりました。今後も緩和は続くでしょう。

　しかし「大きな問題は分割して解決しよう」という**分割統治**のアイデアは、コンピュータの世界において問題解決の基本です。いつでも取り出せるよう、頭の中にある道具箱へ、しまっておきませんか。

第6章

運用を考慮する

Design for operations

> You build it, you run it.（作った人が、運用する）

出典 「A Conversation with Werner Vogels」（2006年6月30日）『ACM Queue Volume 4, Issue 4』
https://queue.acm.org/detail.cfm?id=1142065

　これは、Amazon.comのCTO（Chief Technology Officer）、Werner Vogels氏がインタビューで語った言葉です。立場や環境、経験によって、この言葉から受ける印象は多様でしょう。あなたは、どう受け取りましたか。肯定しますか。それとも否定しますか。実行していますか。実行できると考えますか。

　運用への関わり方や姿勢を問う、よい言葉です。

6-1 運用しやすいアプリケーションを作る

● "You build it, you run it."

　"You build it, you run it." はシンプルで、刺激が強めな言葉です。考えるきっかけ作りにはよいですが、言葉が独り歩きしそうです。意図や文脈も汲み取ったほうがよいでしょう。そこで、続く文も引用します。

> You build it, you run it. This brings developers into contact with the day-to-day operation of their software. It also brings them into day-to-day contact with the customer. This customer feedback loop is essential for improving the quality of the service.
>
> **筆者訳** 作った人が、運用する。これにより、開発者はソフトウェアの日々の運用に接します。また、顧客との日常的な接点も生まれます。この顧客とのフィードバックループは、サービスの品質を向上させるために不可欠です。

出典 「A Conversation with Werner Vogels」（2006年6月30日）『ACM Queue Volume 4, Issue 4』
https://queue.acm.org/detail.cfm?id=1142065

内向きな理由でなく顧客を重視しており、説得力があります。

しかし、"You build it, you run it." を「難しいな」と感じた人は多いでしょう。企業ITにおいて運用の委託は一般的な戦略だからです。社内外を問わず、開発したアプリケーションの運用を別組織に任せることは珍しくありません。

実はWerner Vogels氏は、"You build it, you run it." の前に、こうも述べています。

> The traditional model is that you take your software to the wall that separates development and operations, and throw it over and then forget about it. Not at Amazon.
>
> **筆者訳** 従来のモデルは、開発と運用を隔てている壁までソフトウェアを持っていき、壁の向こうへ放り投げ、忘れてしまうというものでした。Amazonでは、そうではありません。

出典 「A Conversation with Werner Vogels」(2006年6月30日)『ACM Queue Volume 4, Issue 4』
https://queue.acm.org/detail.cfm?id=1142065

筆者は、これが問題の本質だと考えます。誰が運用するかはさておき、運用しやすいアプリケーションを、作っているでしょうか。

なお、ここまでの流れで、DevOpsやSRE（Site Reliability Engineering）の話につなげるのでは、と思った方もいるでしょう。しかし、本書では取り上げません。また、それらと合わせて話題になりがちな、組織やチームの責任分界点についても触れません。なぜなら、それぞれで本が書けるくらい奥深く、変化の途上にあるテーマだからです。すばらしい本がすでにあるため、その紹介にとどめます。本書の**付録B** **目的別** **参考ドキュメント集** **p.251** も参考にしてください。

参考文献 『LeanとDevOpsの科学』ISBN：9784295004905（インプレス）
https://book.impress.co.jp/books/1118101029

参考文献 『SRE サイトリライアビリティエンジニアリング』ISBN：9784873117911（オライリー・ジャパン）
https://www.oreilly.co.jp/books/9784873117911/

参考文献 『チームトポロジー』ISBN：9784820729631（日本能率協会マネジメントセンター）
https://pub.jmam.co.jp/book/b593881.html

　したがって本書は、運用しやすいアプリケーションの解説に注力します。そして、自ら運用するか否かを問いません。

運用しやすいアプリケーションとは

運用タスク

　ところで運用しやすいアプリケーションとは、どのようなものでしょうか。考えるために、まずアプリケーションの運用タスクを挙げてみます。ガバナンスなど企業や組織全体を対象にするものは除きました。

- 導入作業
- 拡張など変更作業
- 監視
- インシデント対応
- 監査
- キャパシティ管理

　ここでのインシデント対応は、障害や負荷の急増、不正アクセスなどでアプリケーションがサービスレベルを維持できなくなった場合、その状態から回復する行為とします。

運用タスクを助ける特性

　では、どのような特性を持つアプリケーションであれば、これらのタスクを日々実行しやすいでしょうか。「バグや不具合が少ない」は当たり前の期待なので省きます。筆者は、次の特性を持つアプリケーションを、運用しやすいと考えます。

① 判断や介入する機会が少なく自律的である
② 必要な情報を得やすい
③ 導入や変更が容易

図 6-1 に、運用タスクと期待する特性の関係をまとめます。

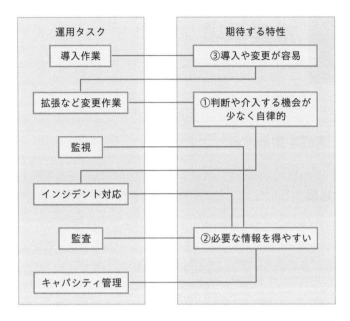

図6-1 運用タスクと期待する特性

①は、すでに**第1章 すべての要素を冗長化する** `p.001` や**第2章 自己復旧できるようにする** `p.041` で解説したため、繰り返しません。また、**第3章 調整を最小限に抑える** `p.073` でも、障害からの復旧力を高めるパターンを紹介しました。**第4章 スケールアウトできるようにする** `p.091` の推奨事項、自動スケールアウトの項も参考になるでしょう。よって本章では、②と③にフォーカスします。

②と③はともに、クラウドに限らず重要です。これまでも意識してきた読者は多いはずです。しかし、「クラウドでは抽象化やサービス化により不可視な範囲が広く、必要な情報を得にくいのでは」という懸念をお持ちではないでしょうか。一方、「サービスやリソースを操作するAPIによって、導入や変更の自動化が容易になるのでは」という期待もあるでしょう。

以降の推奨事項では、クラウドで必要な情報を得やすい、また、導入や変更が容易なアプリケーションを作るときに意識したいことを紹介します。

推奨事項

✿ 必要な情報を定義する

✿ 危険な兆候

　クラウドで「どのようなログやメトリクスを取っておけばよいか」「何を監視すべきか」という質問をいただくことがあります。これは経験上、危険なシグナルです。なぜなら、次のような状況にある可能性が高いからです。

- アプリケーションが健全に動いていると判断する指標を議論、定義できていない
- 運用中のサービスレベルや可用性の評価を軽視しており、その設計や実装も十分でない
- 丸投げされた運用チームが、一般論やベストプラクティスを落としどころにしようとしている

　たとえば、Webアプリケーションのサービスレベル目標を「HTTPレスポンスの月間成功率が99.9%」と定義していれば、まずは「HTTPのステータスコードをどのように取得するか」を考えるはずです。そして次に、「アプリケーションの構成要素がどのような状態であれば目標を達成できるか」を検討するでしょう。どのようなデータを取得すべきかわからないときは、「そもそも目標や指標が存在するか」を疑いましょう。この問題は、**第10章 ビジネスニーズを忘れない** `p.217` でも触れます。

　また、**第1章 すべての要素を冗長化する** `p.032` で、正常性エンドポイントを解説しました。正常性エンドポイントを設計、実装したのであれば「構成要素が、この状態であれば正常」という議論、定義ができているはずです。これができていないということは、可用性に関する作りに懸念があります。

　そして、アプリケーションが壁の向こうから運用チームに「放り投げられた」と
きに、このような質問につながりやすいです。アプリケーションの健全さを測る指
標や作りが不明であれば、運用する人は一般的なやり方に頼らざるを得ません。し
かし、的を射ないベストプラクティスをつまみ食いした結果、不要なデータ収集や
保管にかかるコスト、夜間の無用なアラートに悩まされる現場を、筆者は数多く見
てきました。

✿ アプリケーション開発者の責務

　誰が運用するにせよ、**運用に必要な情報は、まずアプリケーションを作る人が定
義すべき**です。たとえば、サービスレベルを達成するための仕組みを作ったのであ
れば、それをどう評価するかまで決める責任があります。

　言うまでもなく、作る人と運用する人が別であれば、運用する人からのアドバイ
スや意見は重要です。また、データの収集や分析、監視するツールのオーナーは運
用する人、というケースもあるでしょう。そのようなケースでは「運用する人が決
めてよ」と言いたくなる気持ちはわかります。それでも、運用に必要な情報を定義
する主体は、**アプリケーションを作る人**だと筆者は考えます。次の推奨事項「アプ
リケーションを計装する」でも、作る人が主体となるべき理由を述べます。

　なお、開発の初期から網羅しようとがんばりすぎないでください。机上で最終形
がわかるほど、現代のアプリケーションとその作り方は、シンプルではありませ
ん。開発とテスト、運用を通じて、さまざまな発見があるでしょう。それを積み上
げてください。特にテストは重要です。負荷テスト、カオスエンジニアリングなど
異常系のテストを十分に行えば、運用を始めるまでに有用な情報を多く得られます。

✿ アプリケーションを計装する

　計装という言葉に、なじみはあるでしょうか。英語では「instrumentation」
です。そのままカタカナで「インストルメンテーション」と表現されることもあり
ます。

● 計装とは

　日本産業規格の計測用語（JIS Z8103:2000）では、番号1006で「測定装置、制御装置などを装備すること」と定義されています。ITに特化した定義はないようですが、「運用に必要な情報を取得できるようにする行為や仕組み」として使われているケースをよく目にします。監視や分析など、収集した情報の使い方までは含まない印象です。

　計装という言葉には、能動的なニュアンスがあります。取得可能な範囲の情報でなんとかする、という受動的な姿勢ではありません。

　MicrosoftのAzure Well-Architected Frameworkでは、計装は次のように説明されています。

> Instrumentation is a critical part of the monitoring process. You can make meaningful decisions about the performance and health of a system only if you first capture the data that enables you to make these decisions.
>
> **筆者訳** 計装は、監視プロセスの重要な部分です。システムの性能と健全性について意味のある決定を下すには、まずデータを取得しなければなりません。
>
> By using instrumentation, the information that you gather should be sufficient to assess performance, diagnose problems, and make decisions without requiring you to sign in to a remote production server to perform tracing, and debugging manually.
>
> **筆者訳** 計装すれば、リモートの本番サーバにサインインしてトレースやデバッグを手作業で行うことなしに、パフォーマンス評価、問題診断、意思決定に十分な情報を収集できるでしょう。

出典 Instrument an application
https://learn.microsoft.com/en-us/azure/architecture/framework/devops/monitor-instrument

　何かあったとき手作業で取りにいくのではなく、あらかじめ仕込んでおくことがポイントです。

♣ 計装のパターン

　クラウドサービスでの計装は、3パターンあります。

- サービスの有効化やリソースの作成に合わせ、標準で計装される
- 運用を支援するツールやサービスを導入すると計装される
- アプリケーション開発者が計装する

✹ サービスの有効化やリソースの作成に合わせ、標準で計装されるパターン

1つ目は、クラウドサービスを使えば標準で計装されるパターンです。たとえば、図6-2のように、Azureでは仮想マシンを作れば特別な設定なく、ホストマシン（サーバ）から見たCPUやネットワークの使用率が取得されます。特に設定をしなくとも、仮想マシンの概要やメトリクスのメニューを開くとそれらを表示できるのは、Azureの仮想マシンサービスが標準でメトリクスの収集を計装しているからです。

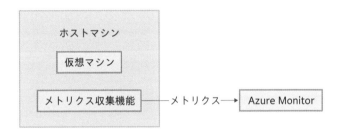

図6-2 ホストマシンへの計装による仮想マシンメトリクスの収集

参考文献 Azure Monitorのサポートされるメトリック
https://learn.microsoft.com/ja-jp/azure/azure-monitor/essentials/metrics-supported

また、ログ収集が計装されているサービスもあります。出力先を指定すれば、難しい設定なしにログを収集できます。

参考文献 Azure Monitorリソースログでサポートされているカテゴリ
https://learn.microsoft.com/ja-jp/azure/azure-monitor/essentials/resource-logs-categories

これらのメトリクスやログは、Azureがプラットフォーム側から取得できるものに限られます。たとえば、仮想マシン上で動くJavaアプリケーションの情報は、Azureが勝手に仮想マシンの中を覗けないため、取得できません。

★ 運用を支援するツールやサービスを導入すると計装されるパターン

２つ目は、監視、分析サービスなど、運用を支援するツールやサービスを導入すると計装されるパターンです。Azure Monitor Application Insights（以降、Application Insights）やDatadog、New Relicなどのサービスは、導入時の簡単な設定で計装できます。

たとえば、Application Insightsは、Javaアプリケーションであれば起動時の引数にエージェントのパス-javaagent:<appinsights>.jarを渡して計装できます。図6-3に概念を示します。サーブレットへのリクエスト、HttpClientやgRPCの依存関係など、標準で多様な項目が計装されます。計装した環境の構成ファイルや環境変数にApplication InsightsのワークスペースIDを指定するとテレメトリデータが送信され、監視や分析が可能になります。

参考文献 .NET、Node.js、Python、Javaアプリケーション用のAzure Monitor OpenTelemetryを有効にする
https://learn.microsoft.com/ja-jp/azure/azure-monitor/app/opentelemetry-enable?tabs=java

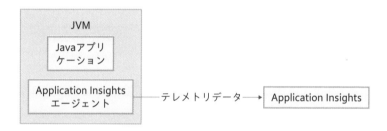

図6-3 Application InsightsのJavaアプリケーションへの計装

なお、プラットフォームや言語によっては、より容易に計装できるケースもあります。例を挙げると、Azure App ServiceにはApplication Insightsとの統合機能があり、有効化するとApplication Insightsへデータが送信されます。

参考文献 Azure Monitor Application Insightsの自動インストルメンテーションとは
https://learn.microsoft.com/ja-jp/azure/azure-monitor/app/codeless-overview

たとえば、Azure App ServiceでJavaアプリケーションを動かす場合、Application Insightsとの統合機能を有効化すると、図6-4のようにエージェントが導入されます。

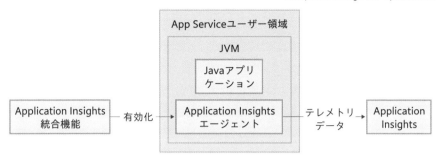

図6-4 App ServiceでのApplication Insights統合

✳️ アプリケーション開発者が計装するパターン

そして最後の3つ目は、アプリケーション開発者が計装するパターンです。アプリケーションに、必要な情報を出力するコードを埋め込みます。

コードを埋め込むケースとして、まずプラットフォームや言語が自動計装の対象ではない場合が挙げられます。たとえば、本書の執筆時点で、Python から OpenTelemetry仕様のテレメトリデータを Application Insightsへ送るには、**リスト6-1**のようなコードを書きます。あわせて、azure-monitor-opentelemetry-exporter などOpenTelemetry関連パッケージの導入も必要です。**図6-5**に構成要素を示します。

リスト6-1 Python から OpenTelemetry 仕様のテレメトリデータを Application Insightsへ送る

```
import os
from opentelemetry import trace
from opentelemetry.sdk.trace import TracerProvider
from opentelemetry.sdk.trace.export import BatchSpanProcessor

from azure.monitor.opentelemetry.exporter import AzureMonitorTraceExporter

exporter = AzureMonitorTraceExporter(connection_string="<Your Connection String>")

trace.set_tracer_provider(TracerProvider())
tracer = trace.get_tracer(__name__)
span_processor = BatchSpanProcessor(exporter)
trace.get_tracer_provider().add_span_processor(span_processor)

with tracer.start_as_current_span("hello"):
    print("Hello, World!")
```

出典 .NET、Node.js、Python、Javaアプリケーション用のAzure Monitor OpenTelemetryを有効にする
https://learn.microsoft.com/ja-jp/azure/azure-monitor/app/opentelemetry-enable?tabs=python

第6章 運用を考慮する

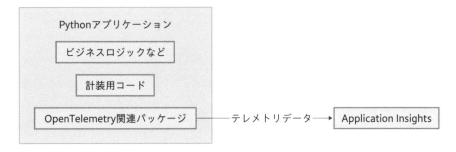

図6-5　PythonとOpenTelemetry、Application Insightsの組み合わせ

　また、自動で計装される環境であっても、任意のタイミングで情報を出力したいケースがあります。デバッグ用途のログが代表的です。その場合、アプリケーション開発者がログを出力するコードを埋め込みます。たとえば、Application InsightsはJavaアプリケーションで、LogbackやApache Log4jなどロギングフレームワークをサポートしています。サポートされるフレームワークを使用して出力されたログは、Application Insightsへ送られます。

　以上がクラウドサービスでの計装パターンです。前の推奨事項で「**運用に必要な情報を定義する主体は、アプリケーションを作る人**」と主張しました。2つ目と3つ目、特に3つ目の計装パターンは、運用する人が後付けでコードを埋め込むのが困難でしょう。それが主張の背景です。

　なお、2つ目と3つ目の計装パターンで紹介したサービスは、便利であるがゆえの課題もあります。コストが代表的です。便利なだけに「とりあえずなんでも出力しておこう」となりがちですが、**送信、保存されるデータ量で課金されるサービスでは、コストがかさみます。**筆者がクラウドについて相談を受けるテーマの5本指に入ります。

🌸 計装における注意点

　計装にあたっては、次を意識してください。

- ローカルに保存しない
- 機密情報を保存しない
- サンプリングを検討する

- ●適切なログレベルを選ぶ
- ●適切な保存期間を選ぶ
- ●適切な保管先を選ぶ
- ●形式を標準化する

✹ローカルに保存しない

まず、計装して取得できたデータを仮想マシンなどアプリケーション実行インスタンスのローカルに保存しないでください。インスタンスのスケールイン、再構成／再作成によって失われる恐れがあるからです。Application Insightsなどの監視、分析サービスやストレージサービスなど、インスタンスがなくなっても影響を受けない場所へ送りましょう。

✹機密情報を保存しない

詳しい説明は不要でしょう。機密情報が含まれる環境は、開発者や運用者が気軽に活用できません。

✹サンプリングを検討する

次にサンプリングです。**サンプリング**は定期的に送られるメトリクスなどで、「間引いても、統計的な正しさを保つことができる」データの量を減らすのに役立ちます。**図6-6**のように、データを送る側（SDKやエージェント）と受け取る側、どちらでサンプリングするかを選択できるサービスもあります。Application Insightsが、そうです。

参考文献 Application Insightsにおけるサンプリング
https://learn.microsoft.com/ja-jp/azure/azure-monitor/app/sampling

図6-6 サンプリングのイメージ

✿ 適切なログレベルを選ぶ

　また、適切な**ログレベル**を設定し、かつ、アプリケーションのライフサイクルに合わせて変更できるようにしてください。開発中と運用中で、適切なログレベルは異なるでしょう。たとえば、運用に入ってからデバッグレベルで大量のログを出力する必要はあるでしょうか。

　なお、アプリケーションでの適切なログレベル指定と合わせ、プラットフォームやクラウドサービスでの設定可否も確認してください。たとえば、Azure FunctionsはApplication Insightsとの統合機能を持ちますが、送信するログのレベルを構成ファイルhost.jsonで設定できます。

　リスト6-2のJSONは、デフォルトのログレベルをInformationとし、それとは異なるレベルを指定したいログカテゴリに対して個別に設定するhost.jsonの例です。

リスト6-2　host.json

```
{
  "logging": {
    "fileLoggingMode": "always",
    "logLevel": {
      "default": "Information",
      "Host.Results": "Error",
      "Function": "Error",
      "Host.Aggregator": "Trace"
    }
  }
}
```

出典 Azure Functionsの監視を構成する方法
https://learn.microsoft.com/ja-jp/azure/azure-functions/configure-monitoring?tabs=v2#configure-log-levels

　なお、言語やツール、プラットフォームやサービスのログレベルの定義も確認してください。**表6-1**は、Azure Functionsのログレベルの定義の引用です。.NETのLogLevel列挙型に従っています。

表6-1　Azure Functionsのログレベルの定義

ログレベル	コード	説明
Trace	0	最も詳細なメッセージを含むログ。これらのメッセージには、機密性の高いアプリケーションデータが含まれる場合があります。これらのメッセージは既定で無効になっているため、運用環境では有効にしないでください。
Debug	1	開発時に対話型調査に使用されるログ。これらのログには、主にデバッグに役立つ情報が含まれており、長期的な値は含まれていません。
Information	2	アプリケーションの一般的なフローを追跡するログ。これらのログには長期的な値を含める必要があります。
Warning	3	アプリケーション フロー内の異常なイベントまたは予期しないイベントを強調するが、それ以外ではアプリケーションの実行を停止することはないログ。
Error	4	エラーが発生したために現在の実行フローが停止したことを強調するログ。これらのエラーは、アプリケーション全体の障害ではなく、現在のアクティビティの失敗を示している必要があります。
Critical	5	回復不可能なアプリケーションまたはシステムのクラッシュや、早急に対処する必要がある重大な障害について説明するログ。
なし	6	指定したカテゴリのログ記録を無効にします。

出典 LogLevel列挙型
https://learn.microsoft.com/ja-jp/dotnet/api/microsoft.extensions.logging.loglevel?view=dotnet-plat-ext-7.0

❁ 適切な保存期間と保存先を選ぶ

　そして、テレメトリデータの保存期間も、必要性を踏まえて判断してください。たとえば、CPU使用率などのメトリクスを、収集から数年後に高度な検索や分析する可能性はあるでしょうか。

　Azure MonitorのLog Analyticsワークスペースなど、一定期間が経過すると蓄積したデータを削除、もしくはコストの低いアーカイブ領域へ移行できるサービスもあります。そのような機能を活用しましょう。

参考文献 Azure Monitorログでのデータ保持とアーカイブ
https://learn.microsoft.com/ja-jp/azure/azure-monitor/logs/data-retention-archive

　また、監査目的のデータなどは、安価なストレージサービスに保管できないかを検討してください。

✻ 形式を標準化する

　運用チームが複数のアプリケーションやサービスを担当する場合、データの構造や属性の意味、形式を可能な限り**標準化**してください。先に説明したログレベルの定義が代表例です。それぞれが独自に計装してしまうと、運用側でそれを解釈、変換するのは大きな負担です。

✻ 利用者目線での監視を行う

　必要なデータを定義し、計装したら、そのデータを評価し続ける行為が**監視**です。アプリケーションの提供に影響のあるイベントを早く検出するために行います。ひいては、イベント発生から回復にかかる合計時間の短縮に寄与します。監視も奥深いテーマであるため、本書は監視に深入りしません。良書やガイダンスがありますので、その紹介にとどめます。

参考文献　『入門 監視』ISBN：9784873118642（オライリー・ジャパン）
https://www.oreilly.co.jp/books/9784873118642/

参考文献　監視とは
https://learn.microsoft.com/ja-jp/devops/operate/what-is-monitoring

参考文献　監視と診断のガイダンス
https://learn.microsoft.com/ja-jp/azure/architecture/best-practices/monitoring

　ここで1つだけ、本書としての推奨事項があります。それは**利用者目線での監視**です。たとえば、**実ユーザー監視**や**合成監視**がそれにあたります。**図6-7**は、Application Insightsを使った実ユーザー監視と合成監視の例です。

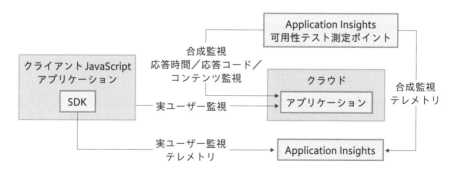

図6-7　Application Insightsの実ユーザー監視、合成監視

実ユーザー監視

実ユーザー監視は、利用者がアプリケーションを使う際、どのような体験をしているかを測ります。利用者が使うクライアントアプリケーションにデータ収集、測定コードを組み込むのが一般的です。Application Insightsは、クライアントのJavaScriptコードにSDKを組み込むことで、エラー数や遅延などを測定できます。

参考文献 Azure Monitor Application Insightsのリアルユーザー監視を有効にする
https://learn.microsoft.com/ja-jp/azure/azure-monitor/app/javascript?tabs=snippet

合成監視

合成監視は、利用者からのリクエストをシミュレートします。合成監視の英語表現は「Synthetic Monitoring」です。「synthetic」には、「合成の」「人工の」といった意味があります。人工的にリクエストを作り、組み合わせて利用者の行動をシミュレーションするため、合成監視と呼ばれます。「合成」が監視の文脈でしっくりこないためか、カタカナで**シンセティック監視**と表現されることも多いです。

合成監視は、利用者が使う前や、使っていないときでも監視できるのが利点です。コード変更の影響もすぐに測定できます。たとえば、Application Insightsの可用性テスト機能です。この機能は、インターネット上に複数の測定ポイントを提供し、そこからアプリケーションに対してHTTPリクエストを発行します。応答がない、もしくは遅い場合のアラート送信や、指定期間における可用性のレポート作成が可能です。インターネットに公開していないアプリケーションであっても、カスタム可用性テストを作って測定できます。

参考文献 Application Insights可用性テスト
https://learn.microsoft.com/ja-jp/azure/azure-monitor/app/availability-overview

参考文献 Azure Functionsを利用したプライベート可用性テストについて
https://jpazmon-integ.github.io/blog/applicationInsights/privateAvailabilityTestSampleCode/

利用者目線での監視をお勧めした理由は、筆者の経験上、オンプレミスでそれが行われていないケースが散見されるからです。さまざまな事情や背景があるため、

原因は考察しません。しかし、アプリケーションが誰に対して価値を提供しているかを考えれば、それを評価しない妥当な理由は挙げにくいでしょう。

　Application Insightsなど、利用者目線で監視できるサービスは、クラウドのエコシステムに多くあります。ぜひ検討してください。

✿ 分散トレースを行う

　一般的なクラウドアプリケーションは、ネットワークでつながった複数の要素で構成されます。たとえば、1つの仮想マシンですべてのプロセスを動かすのではなく、フロントエンドとバックエンドを分離したり、マネージドなデータストアを活用したりします。また、アプリケーションの外部にあるAPIを呼び出すこともあるでしょう。

　そのようなアプリケーションでは、リクエストが失敗した、応答が遅いなど問題がある場合に、どこがおかしいかを特定することが難しくなります。そこで**分散トレース**は、リクエストとそれぞれの要素の呼び出しをひもづけ、相関する仕組みによって、その特定や分析を支援します。

参考文献　分散トレースとテレメトリの相関関係
https://learn.microsoft.com/ja-jp/azure/azure-monitor/app/distributed-tracing-telemetry-correlation

　図6-8は、分散トレース機能を持つApplication Insightsのアプリケーションマップの画面イメージです。構成要素のつながり、構成要素間の呼び出しの成功率や遅延を把握できます。

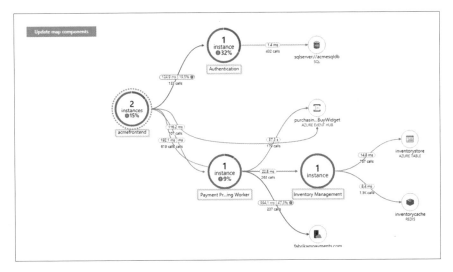

図6-8　Application Insightsアプリケーションマップ

出典 アプリケーションマップ：分散型アプリケーションをトリアージする
https://learn.microsoft.com/ja-jp/azure/azure-monitor/app/app-map

　また、構成要素の視点だけでなく、リクエスト視点でもそれぞれの呼び出しを確認できます。Application Insightsでは「トランザクション」と表現していますが、特定のトランザクションに含まれる呼び出しの内容を時系列で確認できます。Application Insightsは、操作IDという識別子をそれぞれの呼び出しに付与し、関連付けます。

　図6-9は、Application Insightsのトランザクション診断の画面イメージです。同じ操作IDを持つ呼び出しが時系列に並べられ、所要時間やエラーの有無、呼び出しの詳細が確認できます。

第6章 運用を考慮する

図6-9　Application Insightsトランザクションの診断

出典 Application Insightsを使用してパフォーマンスに関する問題を検出して診断する
https://learn.microsoft.com/ja-jp/azure/azure-monitor/app/tutorial-performance

参考文献 統合されたコンポーネント間のトランザクションの診断
https://learn.microsoft.com/ja-jp/azure/azure-monitor/app/transaction-diagnostics#all-telemetry-with-this-operation-id

　Application Insightsの操作IDのように、分散トレースは相関のためリクエストにIDを埋め込むなどの計装が必要です。ちなみにApplication Insightsでは、メトリクスやログと同様に計装できます。たとえば、Javaアプリケーションでは、先述のとおり起動時の引数にエージェントを指定します。

参考文献 分散トレースを有効にする
https://learn.microsoft.com/ja-jp/azure/azure-monitor/app/distributed-tracing#enable-distributed-tracing

✎ Memo　オブザーバビリティ（可観測性）

クラウドに限らず監視の文脈で、**オブザーバビリティ（可観測性）** という言葉を目にする機会が増えました。本書の執筆時点で、ちょっとしたブームが起きているように感じます。しかし言葉の定義については、まだ議論があるようです。よって本書では引用を除いて、この言葉を使わないことにしました。

可観測性は、もとは制御工学で使われている言葉です。システムから外部へ出力される情報で、その内部状態をどの程度推測できるかを評価する尺度です。

分散トレースが求められる背景で説明したとおり、一般的なクラウドアプリケーションはネットワークでつながった複数の要素で構成されます。そして、そのインフラストラクチャは高度に抽象化されています。すると従来の監視手法だけでは、アプリケーションの中で何が起こっているかを推測しにくくなりました。つまり可観測性が下がったわけです。これが、ITの世界で可観測性という言葉が注目された理由の1つです。

オブザーバビリティは「Observ - ability」ですので、能力を表します。一方で監視は「Monitor - ing」、行為です。では可観測性とは、監視という行為の能力を指すのでしょうか。監視しやすくするために可観測性を高める、という考えは筋が通っているようにも思えます。実際、可観測性をログ、メトリクス、トレースという「3つの柱」で高めよう、という主張が監視の文脈で広まりました。

しかし、この主張には批判もあります。「監視と可観測性は異なる」という批判です。次の文は、オブザーバビリティ関連ツールを開発するHoneycombのブログからの引用です。

You all know how I define observability: the power to ask new questions of your system, without having to ship new code or gather new data in order to ask those new questions. Monitoring is about known-unknowns and actionable alerts, observability is about unknown-unknowns and empowering you to ask arbitrary new questions and explore where the cookie crumbs take you. Observability means you can understand how your systems are working on the inside just by asking questions from outside. This is what makes complex systems tractable in the accelerating armageddon of increasing systems complexity.

> **筆者訳** 皆さんは、私がどのように可観測性を定義しているか知っているでしょう。それは、新しい質問のために新たにコードをリリースしたり、新たなデータを収集したりすることなく、システムに新しい質問をする力です。監視とは「既知の未知（known-unknowns）」と対処可能なアラートに関することです。そして可観測性は「未知の未知（unknown-unknowns）」に関することで、任意の新しい質問をできるように、また、クッキーくず（道しるべ）がどこに向かっているか探索できるようにします。可観測性とは、外から質問するだけで、システムが内部でどのように動作しているかを理解できることを意味します。これこそが、システムの複雑性が増大するアルマゲドンの加速の中で、複雑なシステムを扱いやすくするものです。

出典 Observability：A Manifesto
https://www.honeycomb.io/blog/observability-a-manifesto

凝った表現があり、意図をつかみかねますが、**監視は「既知の未知」を、可観測性は「未知の未知」を扱う**、という部分が要点でしょう。筆者は、この主張を次のように理解しました。

● 監視　　　：問題であると認識している状態であるかを、継続的に確認する行為
● 可観測性：未知、予測できないことが起こったとしても、外部から内部状態を理解しやすいかを評価する尺度

どのように実現するかはさておき、この主張を正とすれば、監視と可観測性は異なる概念です。

本書では、可観測性の定義についてこれ以上深掘りしませんが、いずれ合意形成されることを期待しましょう。

✹ インシデントの根本原因の把握手段を整える

クラウドサービスでは、ユーザーにプラットフォームのすべてが見えているわけではありません。物理的な構成など、不可視な部分があります。また、故障対応やメンテナンスなど管理系の作業も、すべては確認できません。

これらの制約は、インシデントの発生時、ユーザーによる根本原因の把握を難し

くします。加えて、多くのユーザーが利用するクラウドサービスでは、インシデントにおいて根本原因の分析よりも回復が優先され、サポートから十分な情報が得られないケースもあります。しかし、再発防止や将来の回避を考えると、ユーザーとして何らかの手を打っておきたいところです。

　まず、サポートとの効率的なコミュニケーションのために、客観的なデータを保全しておくことをお勧めします。これまで述べたような計装と収集ができていれば、特別な仕組みは不要です。

　加えて、クラウドサービスの正常性やリソースの変化を取得できる機能を活用してください。Azureでも、次のような機能が提供されています。

- Azure Service Health（サービス全体の正常性）
- Azure Resource Health（ユーザーリソースの正常性）
- Azure Resource Graph（リソースの変更、状態変化の履歴）

✦ 正常性の把握

　Azure Service Healthは、サービスの問題、計画メンテナンスなど、Azureのサービスとリージョンに広く影響があるイベントを取得できます。たとえば、Azure ADでの認証に問題が発生した、などです。テナントやサブスクリプションでフィルタし、影響範囲も把握できます。

参考文献 Azure Service Healthポータルの更新プログラム
https://learn.microsoft.com/ja-jp/azure/service-health/service-health-portal-update

　一方でAzure Resource Healthは範囲を絞り、ユーザーが利用しているリソースの正常性に関する情報を提供します。つまり、**自分が使っている**リソースの状態がわかります。その時点での利用可否だけでなく、履歴も確認できます。たとえば、仮想マシンがハードウェアの問題で再起動した、などです。**図6-10**に概念を示します。

参考文献 Resource Healthの概要
https://learn.microsoft.com/ja-jp/azure/service-health/resource-health-overview#platform-events

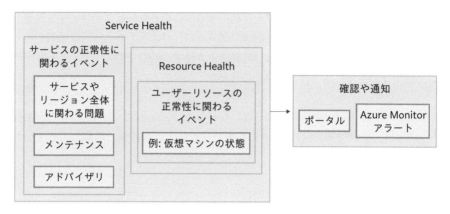

図6-10　Resource HealthとService Health

　なお、Azure Service HealthとResource Healthはともに、イベント発生時にアラートを送信できます。

参考文献　Azure portalを使用してサービスの通知でアクティビティログアラートを作成する
https://learn.microsoft.com/ja-jp/azure/service-health/alerts-activity-log-service-notifications-portal

参考文献　Azure portalでResource Healthアラートを構成する
https://learn.microsoft.com/ja-jp/azure/service-health/resource-health-alert-monitor-guide

✦変化の把握

　そしてAzure Resource Graphは、Azureのリソースに関する情報を効率的にクエリできるサービスです。Azure Resource Graphは、リソースがいつ、どのように作成、更新、削除されたかも記録しています。

参考文献　Azure Resource Graph とは
https://learn.microsoft.com/ja-jp/azure/governance/resource-graph/overview

　たとえば、仮想マシンのタグを追加した場合には、**リスト6-3**のような変更レコードが記録されます。

リスト6-3　変更レコードの記録例（JSON）

```
{
  "targetResourceId": "/subscriptions/xxxxxxxx-xxxx-xxxx-xxxx-xxxxxxxxxxxx/resourceGroups/➡
myResourceGroup/providers/microsoft.compute/virtualmachines/myVM",
  "targetResourceType": "microsoft.compute/virtualmachines",
  "changeType": "Update",
  "changeAttributes": {
    "changesCount": 2,
    "correlationId": "88420d5d-8d0e-471f-9115-10d34750c617",
    "timestamp": "2021-12-07T09:25:41.756Z",
    "previousResourceSnapshotId": "ed90e35a-1661-42cc-a44c-e27f508005be",
    "newResourceSnapshotId": "6eac9d0f-63b4-4e7f-97a5-740c73757efb"
  },
  "changes": {
    "properties.provisioningState": {
      "newValue": "Succeeded",
      "previousValue": "Updating",
      "changeCategory": "System",
      "propertyChangeType": "Update"
    },
    "tags.key1": {
      "newValue": "NewTagValue",
      "previousValue": "null",
      "changeCategory": "User",
      "propertyChangeType": "Insert"
    }
  }
}
```

参考文献 リソース構成の変更を取得する
https://learn.microsoft.com/ja-jp/azure/governance/resource-graph/how-to/get-resource-changes?tabs=azure-cli

　クエリ言語には、Azure Monitorなどと同じく、Kustoクエリ言語（KQL）が採用されています。

参考文献 Azure Resource Graphクエリ言語の概要
https://learn.microsoft.com/ja-jp/azure/governance/resource-graph/concepts/query-language

　Azure Resource Graphで取得できる変更履歴は、resourcechangesテーブルに格納されています。Azure Resource Graphエクスプローラーから、KQLで柔軟なクエリを実行できます。たとえば、**リスト6-4**は、過去1日に行われたすべての変更を抜き出す例です。

リスト6-4　過去1日に行われたすべての変更を抜き出すクエリ例（KQL）

```
resourcechanges
| extend changeTime = todatetime(properties.changeAttributes.timestamp), targetResourceId = ➡
tostring(properties.targetResourceId),
changeType = tostring(properties.changeType), correlationId = properties.changeAttributes. ➡
correlationId,
changedProperties = properties.changes, changeCount = properties.changeAttributes.changesCount
| where changeTime > ago(1d)
| order by changeTime desc
| project changeTime, targetResourceId, changeType, correlationId, changeCount, ➡
changedProperties
```

参考文献　リソース構成の変更を取得する
https://learn.microsoft.com/ja-jp/azure/governance/resource-graph/how-to/get-resource-changes?tabs=azure-cli

　インシデントが発生した際に「自分たちで何か引き金になるような変更をしていないか」を確認するため、このようなクエリがよく使われます。AzureのアクティビティログからAPI操作履歴を確認する手もありますが、Azure Resource Graphを使うと、操作の結果としてリソースがどう変更されたかが、わかりやすいです。

　また、healthresourcesテーブルのavailabilitystatusesやresourceannotationsイベントに、正常性に関わる詳細な情報が格納されます。たとえば、resourceannotationsイベントのAccelnetUnhealthyです。これは、仮想マシンの高速ネットワーク機能の不具合が検知されたことを示します。メトリクスやログ、トレースからネットワークの不調が疑われる際、このイベントが記録されていれば、根本原因がネットワーク機能であると特定できます。

参考文献　Resource Health 仮想マシンの正常性に関する注釈
https://learn.microsoft.com/ja-jp/azure/service-health/resource-health-vm-annotation

　このように、クラウドサービスの機能を使っても、根本原因を把握できます。すべての原因をユーザーが特定できるまでには至っていませんが、日々拡充されています。大規模なインシデントに対する公式なレポートや、サポート窓口を通じた解決支援が不要になるとは考えませんが、ぜひクラウドサービスの機能も活用してください。セルフサービスでの効率的で迅速な解決は、クラウドの醍醐味です。

🌸 管理タスクを自動化する

タスクを自動化することで、反復、再現可能になり、ヒューマンエラーも発生しにくくなります。

🌸 APIを活かす

筆者は、ITを生業にする技術者へクラウドが与えた最も大きなインパクトは、**リソースを管理できるAPI**と考えています。クラウドのリソースは、APIで操作できます。ポータルなどのGUIが先ではなく、APIが先にあり、GUIはAPIを呼び出しているのです。

APIの存在が、さまざまな自動化を可能にしました。ツールやプログラム、スクリプトでリソースを作成、変更できるだけでなく、イベントの発生に応じ自動でタスクを実行できます。負荷に応じたオートスケールはその代表例です。

筆者がITの世界に飛び込んだとき、先輩に「3回同じことをするなら自動化しよう」と言われたものです。現代のアプリケーションのライフサイクルでは、同じ作業を実施する機会はすぐに訪れます。たとえば、環境構築1つとっても、次のような環境で**同じような**作業をしているのではないでしょうか。3回目はすぐにやってきます。

- 開発環境
- 検証環境
- 本番環境
- 災害対策環境
- 込み入った不具合の再現、調査環境
- 新機能や新リソース、新バージョンの検証環境（既存環境を変更することもある）

特に最後の新機能や新リソース、新バージョンの検証は重要です。数年おきにバージョンアップする、というオンプレミス向け製品と異なり、クラウドは進化のスピードが速いからです。たとえば、新しい仮想マシンでパフォーマンスが倍になる、ネットワークの新機能でセキュリティを大幅に強化できるなど、インパクトの

ある発表が日常的に行われています。すべてを追いかける必要はありませんが、中にはビジネスへの大きな貢献につながるものもあるでしょう。採用したいが作業工数が、とならないよう、自動化して準備を整えておきたいものです。

✿ インフラストラクチャや構成をコードとして扱う

前述の管理タスク自動化とつながりますが、クラウドにおいて環境構築や変更を反復可能にする価値は高いです。その手法として、**Infrastructure as Code**や**Configuration as Code**というコンセプトが注目されています。

✿ Infrastructure as Code

Infrastructure as Codeとは、アプリケーションを動かすインフラストラクチャ、環境に関するさまざまな構成を、コードとして扱おう、という考えです。

参考文献 『Infrastructure as Code』ISBN：9784873117966（オライリー・ジャパン）
https://www.oreilly.co.jp/books/9784873117966/

as Codeの対極にあるのは、「手順書を見ながら、画面をポチポチする」です。再現性やヒューマンエラーの観点から、as Codeの価値は明らかでしょう。そして繰り返しになりますが、同じような環境を作ったり、変更を加えたりする機会は、何度もあるはずです。

コードが具体的に何を指すかは、使い手の選択したツールによります。Azure Resource Managerテンプレートなどクラウドサービスの提供するツールもあれば、Terraformなど複数のクラウドに対応したツールもあります。

ツールを使う場合は、そのツールの定めるフォーマット、モデルでリソースの構成を表現します。フォーマットの例は、JSONやYAML、HCL（HashiCorp Configuration Language）です。できる限り手続きやロジックを含まず、「あるべき姿」を宣言するスタイルのツールでは、as Codeではなく「as Data」と呼ばれることもあります。

また、SDKやCLIを活用し、プログラムやスクリプトで実現することもあります。その場合はプログラムやスクリプトがコードです。

✿ 使ってから選ぶ

　どのようなツールや手法を選択すべきか、と筆者はよく質問されます。ですが、簡単に答えが得られるYes/Noチャートや決定木はありません。それぞれのツールや手法に特徴はありますが、何が適するかは、使い手の能力や意志にも大きく依存するからです。クラウドのリソースや構成を表現する以上、クラウドの進化に合わせてツールや手法も変化します。その変化に付き合えると思えるものを選択すべきです。判断を急がず、他者の意見を鵜呑みにせず、使い手自身が触ったうえで決めることをお勧めします。

✿ 2つの原則

　インフラストラクチャや構成のコード化に挑戦する際は、2つの原則を意識してください。

- ●コードはバージョン管理する
- ●コードとリソースを一致させる

　まず、アプリケーションプログラムのコードと同様、Gitなどで**バージョン管理**してください。過去の履歴を残すことで、構成が現状に至るまでの背景や経緯の理解に役立つだけでなく、有事に環境を戻せます。

　次に、**コードとクラウドのリソース、つまり実体を一致**させてください。**図6-11**のように、「構築はコードを使って実施したが、運用中に直接ポータルで変更を加えてしまった」という相談が後を絶ちません。実体と乖離したコードは価値を失い、使われなくなります。構成の変更はコードを変更し、ツールで反映する、を原則としてください。

第6章 運用を考慮する

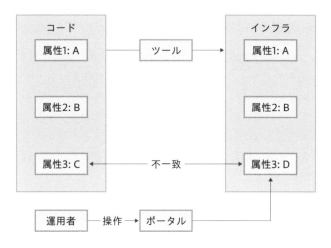

図6-11　コードと実体の不一致

　しかし、緊急対応でのやむを得ない手作業は否定できません。また、Azure Policyなどポリシーを強制する仕組みが、外部から構成を変えてしまうこともあります。よって、一時的な構成の不一致は認めるのがよいでしょう。定期的にドライランを行って差分を検出し、コードを修正するなど、実体にコードを寄せていくやり方がお勧めです。Terraform CloudのDrift Detectionなど、それを支援するツールもあります。

参考文献　Drift Detection for Terraform Cloud
https://www.hashicorp.com/campaign/drift-detection-for-terraform-cloud

✸ テストを自動化する

　最後の推奨事項は、**テストの自動化**です。クラウド上のアプリケーションは、運用中さまざまな変化に直面します。スケールの変更、サービスのバージョンアップ、脆弱性への対応、新機能の採用、新リソースへの移行など、これまで述べたとおりです。その際に運用する人が懸念するのは、いま動いているアプリケーションへの影響です。

　テストが自動化され、運用する人も実行できるようになっていれば、その影響をすばやく、こまめに検証できます。しかし、アプリケーションのテスト手段が手作

業であれば、その手作業を繰り返さなければいけません。たとえば、次のような悲劇が起こります。

- クラウドのデータベースサービスをバージョンアップしなければならない
- バージョンアップ操作はボタンを押すだけ
- しかし、データベースにアクセスするアプリケーションをすべて手作業でテストしなければならない
- 膨大なテスト工数
- クラウド移行のコスト削減効果が吹き飛ぶ

　テスト自動化の必要性がうたわれて久しいですが、筆者の印象ではまだ当たり前にはなっていません。その背景には請負契約による動機の欠如などが考えられますが、本書でその理由は追及しません。前向きに、これからのことを考えましょう。

　繰り返しになりますが、現代のアプリケーションは設計時に最終形が見通せるほどシンプルではありません。開発中にもビジネス状況、利用技術など、多様な変化にさらされます。また、「よりよいやり方」を発見する機会も多いはずです。その変化に追従、つまりアプリケーションに変化を加えたら、テストは必要でしょう。先に、「3回同じことをするなら自動化を」と述べました。テストを自動化すると、4回目から手動テストとコストが逆転する、という調査結果もあります。

参考文献 組織に自動テストを書く文化を根付かせる戦略（2022秋版）
https://speakerdeck.com/twada/building-automated-test-culture-2022-autumn-edition

　もちろん、テストにはユニットテストからE2E（エンドツーエンド）テストまで、大小さまざまなテストがあります。よって、単純に何回以降で自動化のコストを回収できる、とは言えません。コストだけで議論をしないほうがよいでしょう。大切なのは、自動テストが整備されていると、変化を前向きにとらえられることです。価値あることへの挑戦やリスクの軽減を、自動化されたテストは支えます。

🌸 テストツールの寿命は長い

　ところで、自動テストについてのディスカッションでは、たいてい「どんなテストツールを使えばよいか」という話題で盛り上がります。言語や用途に応じ、さまざまなツールがありますので、一般的にお勧めできるものはありません。ただし、意識していただきたいのは、**テストツールに求められる寿命は長い**、ということです。

第6章 運用を考慮する

　なぜなら、変化する対象をテストするなら、テストする側はできるだけ変わらないほうがよいからです。開発や運用が引き継がれていくことを考えると、テストを実行、確認するインターフェイスも長く使えるものがよいでしょう。よって、流行りを追いすぎず、枯れたシンプルなツールを活用するのも手です。たとえば、筆者はGNU Makeをタスクランナーにして、テストスクリプトや言語、用途に応じたテストツールを呼び出す、という方法を好みます。テストスクリプトやツールを差し替えることはありますが、いつもmake testで実行すればよい、という気軽さがあります。こまめなテストを習慣づけるなら、手軽さは重要です。

まとめ

　本章では、クラウドで運用しやすいアプリケーションとは何かを考えました。必要な情報を得やすい、また、導入や変更が容易なアプリケーションは、クラウドで運用しやすいと言えるでしょう。

　クラウドは、アプリケーションの作り方だけでなく、運用にも大きな変化をもたらしました。APIは従来の手作業を自動化するきっかけとなり、運用者がコントロールできる範囲、規模も広げました。"You build it, you run it."も非現実的ではありません。むしろ、クラウドのようなプラットフォームがあるから"You build it, you run it."が可能なのでしょう。

　しかし本章で伝えたかったのは、誰が運用するかではありません。**運用する人が誰であっても、運用しやすいアプリケーションを作っていただきたい**、この想いが伝わったのであれば幸いです。

第 **7** 章

マネージドサービスを
活用する

Use platform as a service options

　クラウドを使いこなすコツの中でも効果が高いのは、**すでにあるものは使う、プロバイダにタスクを任せる**、要はマネージドサービスの活用です。何でも作ろうとせず、クラウドサービスが提供する部品を活かしましょう。

　クラウドサービスには、もともとプロバイダが自らのビジネスを支えるために作った仕組みを開放したものが多くあります。たとえば、Microsoft 365やXboxを支える仕組みがAzureで、Amazon.comのために作ったサービスがAWSで提供されています。すぐに乗れる「巨人の肩」が、そこにあります。

　ユーザーが「自分たちがやるべき」「自分たちにしかできない」差別化要素へ注力するなら、マネージドサービスは自然と魅力的に見えるはずです。しかし、マネージドサービスにも考慮点はあります。

　マネージドサービスをどのように使うと幸せになれるのか、考えてみましょう。

IaaSもPaaSも
マネージドサービス

　まず、**マネージドサービス**とは何かをおさらいしましょう。「managed」は管理された、という意味ですので、**管理されたサービス**です。クラウドの文脈では、サービスを提供するのはプロバイダですので、**プロバイダによって管理されたサービス**を指します。さらに、その管理を代行するサービスなどもありますが、本書では触れません。

　マネージドサービスを検討する際には、管理されるサービスの対象、提供内容を確認することが重要です。クラウド「サービス」であれば、マネージドとうたわなくとも、プロバイダは何かしらを管理しています。マネージドサービスという言葉を見聞きしたり、使ったりする場合には、対象と提供内容を明確にするとよいでしょう。なお、「フル」マネージドサービスという言葉もよく使われている印象ですが、話が噛み合わないこともしばしばです。何がフルなのかを確認してください。

● 定番はNISTによる定義

　とはいえ、いちいち意識合わせするのも面倒です。できれば、信用できる組織、機関に定義され、広く普及している言葉を使うとよいでしょう。クラウドコンピューティング領域では、**NIST**（National Institute of Standards and Technology：米国国立標準技術研究所）の定義が広く使われています。すでにご存じの方も多いと想像しますが、おさらいしましょう。

　NISTの定義では、クラウドには3つのサービスモデルがあります。IaaS、PaaS、SaaSです。本書はクラウドでアプリケーションを作る人向けですので、アプリケーションソフトウェアも提供するSaaSは除き、IaaSとPaaSの定義を引用します。

IaaSの定義

利用者に提供される機能は、演算機能、ストレージ、ネットワークその他の基礎的コンピューティングリソースを配置することであり、そこで、ユーザはオペレーティングシステムやアプリケーションを含む任意のソフトウェアを実装し走らせることができる。ユーザは基盤にあるインフラストラクチャを管理したりコントロールしたりすることはないが、オペレーティングシステム、ストレージ、実装されたアプリケーションに対するコントロール権を持ち、場合によっては特定のネットワークコンポーネント機器（例えばホストファイアウォール）についての限定的なコントロール権を持つ。

PaaSの定義

利用者に提供される機能は、クラウドのインフラストラクチャ上にユーザが開発したまたは購入したアプリケーションを実装することであり、そのアプリケーションはプロバイダがサポートするプログラミング言語、ライブラリ、サービス、およびツールを用いて生み出されたものである。ユーザは基盤にあるインフラストラクチャを、ネットワークであれ、サーバーであれ、オペレーティングシステムであれ、ストレージであれ、管理したりコントロールしたりすることはない。一方ユーザは自分が実装したアプリケーションと、場合によってはそのアプリケーションをホストする環境の設定についてコントロール権を持つ。

出典 NISTによるクラウドコンピューティングの定義 SP 800-145（訳：独立行政法人情報処理推進機構）
https://www.ipa.go.jp/security/publications/nist/

第7章 マネージドサービスを活用する

　「プロバイダがサポートするプログラミング言語、ライブラリ、サービス、およびツール」をミドルウェアとすると、**図7-1**のように整理できます。比較のためにオンプレミスの場合も並べます。

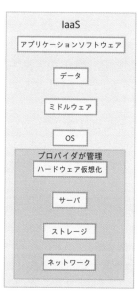

図7-1　プロバイダが管理する範囲

　要点は、プロバイダが管理する要素、つまり**マネージドサービスの部分**です。IaaSとPaaSの違いは対象とする範囲の違いで、どちらを選んでもマネージドサービスです。したがって、クラウドを使いこなすとは、マネージドサービスを使いこなすことと同じです。本章のタイトルを、マネージドサービスを「選ぶ」ではなく、「**活用する**」とした理由がここにあります。

● IaaS か PaaS かという議論は無意味

　プロバイダが提供するマネージドサービスの対象と内容を見極め、自らがすべきことにフォーカスするようにしましょう。IaaSとPaaSのどちらを選ぶか、という議論に意味はありません。加えて、どちらにも位置付けられるサービスも増えています。たとえば、Azureストレージは、Webサーバとしても機能します。どちらかしか選ばない、などという原理主義に陥ってはいけません。必要に応じて、どちらも使えばよいのです。

　もちろん、IaaS、PaaSという定義は、説明や議論の土台として有用です。定義を否定するわけではありません。本書でも、大まかに分類する目的で使っています。

● IaaSと比較したPaaSのメリット

　IaaSとPaaSの対象の違いは、**OSとミドルウェア**です。アプリケーションとデータに注力したいのであれば、OSとミドルウェアの管理をプロバイダに任せられるのは、大きな魅力です。

　PaaSは、導入、変更、維持で必要なタスクがIaaSと比べて少ない、もしくは簡単です。たとえば、ベースとなる仮想マシンやネットワークの設定をプロバイダに任せられます。OSやミドルウェアのパッチ、更新プログラムの適用のようなメンテナンスタスクも、プロバイダが行います。

　また、ミドルウェア、と大まかにまとめてしまいましたが、提供されるのはプログラムを動かすランタイムやデータベースなど主要機能だけではありません。負荷分散や冗長化など、主要機能を支える周辺機能も提供します。

　そして、本章の冒頭で紹介したように、クラウドサービスの中には、プロバイダ自身のビジネスを支えたり、問題解決したりするために生まれたものが多くあります。つまり、動く実績があります。OSやミドルウェア、周辺機能の組み合わせが、すでに**揉まれて**いるのは魅力です。

● PaaSと比較したIaaSのメリット

　NISTのIaaS、PaaSの定義に「管理したりコントロールしたり」という表現があります。管理のほかに、何をどのようにコントロールできるか、も論点です。

　PaaSの制約の裏返しですが、IaaSの価値はコントロールできる範囲の広さです。構成、設定の自由度の高さはもちろんのこと、管理作業のタイミングもユーザーが決められるのは魅力です。

ところで、筆者は「IaaSを選択したら、クラウドネイティブではないのですか」とよく聞かれます。筆者はそう考えません。IaaSを選択しても、クラウドネイティブなアプリケーションは作れます。

● IaaSでもクラウドネイティブにできる

CNCF（Cloud Native Computing Foundation）によるクラウドネイティブの定義を引用します。

> クラウドネイティブ技術は、パブリッククラウド、プライベートクラウド、ハイブリッドクラウドなどの近代的でダイナミックな環境において、スケーラブルなアプリケーションを構築および実行するための能力を組織にもたらします。このアプローチの代表例に、コンテナ、サービスメッシュ、マイクロサービス、イミュータブルインフラストラクチャ、および宣言型APIがあります。

出典 CNCF Cloud Native Definition v1.0
https://github.com/cncf/toc/blob/main/DEFINITION.md

モダンなアプローチの羅列に気持ちを持っていかれそうになりますが、IaaSかPaaSかについては、触れられていません。

> これらの手法により、回復性、管理力、および可観測性のある疎結合システムが実現します。これらを堅牢な自動化と組み合わせることで、エンジニアはインパクトのある変更を最小限の労力で頻繁かつ予測どおりに行うことができます。

出典 CNCF Cloud Native Definition v1.0
https://github.com/cncf/toc/blob/main/DEFINITION.md

これが実現できるのなら、IaaSかPaaSかは問わないでしょう。

たとえば、Azure上で次のようなアプリケーションが動いているとします。IaaSの代表である、仮想マシンを中心に構成したアプリケーションです。

- Azureの仮想マシンスケールセットを使い、負荷に応じてスケールイン／アウトできる
- マシンイメージやアプリケーションの軽量化、最適化により短時間で起動できる

- 障害やスケールイン／アウトに備え、再試行など自己復旧の仕組みを備えている
- Azure Functions上に作ったイベントハンドラで、多様なイベントに応じてアプリケーションを制御、変化させられる
- Azure MonitorとApplication Insightsでアプリケーションのサービスレベル、内部状況を把握できている
- リソースの作成や変更はTerraformでコード化し、すばやく、再現性高く環境を作り、維持できる

このアプリケーションを「IaaSだからクラウドネイティブではない」と言い切れるでしょうか。

IaaSは、既存のアプリケーションになるべく変化を加えずにクラウドへ移行する**リフト＆シフト**アプローチで好まれるため、消極的なイメージがあることは否めません。しかし、IaaSの可能性を狭めるべきではありません。

● 活用の第一歩は、トレードオフを理解すること

繰り返しになりますが、**クラウドサービスはマネージドサービスの集合体**です。マネージドサービスである以上、管理、コントロールをプロバイダへ委ねることになります。「管理は任せるが、自由にコントロールしたい」は、矛盾した要求です。トレードオフを理解する必要があります。

何をどのように管理、コントロールするかはサービスに依存し、さまざまなトレードオフが存在します。その中でも筆者の経験上、代表的なトレードオフは、**メンテナンス**です。

- アップグレードやパッチ、更新プログラムの適用はプロバイダに任せたい
- しかしタイミングや内容は自分で選択したい

プロバイダが管理する範囲の大きいサービスでは、その分メンテナンスの対象となる要素が多く、自由度も低いです。つまり、PaaSのユーザーは、このトレードオフに悩まされる傾向があります。プログラミング言語のランタイムやライブラリ、データベースなどミドルウェアも管理対象だからです。

第7章 マネージドサービスを活用する

　しかし、IaaSもマネージドサービスです。たとえば、仮想マシンが動くサーバのメンテナンスは必要です。**第1章 すべての要素を冗長化する > Memo メンテナンス影響を小さくするクラウド技術の進化** p.007 で紹介したように、メンテナンスの影響を緩和する技術は進化しています。しかし、影響はゼロではありません。

　マネージドサービスのトレードオフをどのように解決するかは、以降の推奨事項でも考えていきましょう。

🖊 **Memo** Architectural Decision Records（ADR）で決定を記録する

　クラウドに限らず、アプリケーション開発は決定の連続です。判断が難しい、トレードオフを受け入れざるを得ない決定も多くあります。また、アプリケーション開発は発見の連続でもあります。はじめから確実にわかっていることは少なく、一度決定したアーキテクチャや技術、手段を見直したくなる機会はあるでしょう。よって、どのような理由でアーキテクチャや技術、手段を選択、決定したかは、後から確認できるよう、記録することをお勧めします。この手法は、**Architectural Decision Records（ADR）**として注目されています。

参考文献 Architectural Decision Records (ADRs)
https://adr.github.io/

参考文献 『ソフトウェアアーキテクチャの基礎』ISBN：9784873119823（オライリー・ジャパン）
https://www.oreilly.co.jp/books/9784873119823/

　ADRに唯一のフォーマットはありません。いくつかのテンプレートがありますが、最もシンプルなのはMichael Nygard氏のものです。以下を記録します。

● ステータス（status）
● コンテキスト（context）
● 決定（decision）
● 影響（consequences）

参考文献 Decision record template by Michael Nygard
https://github.com/joelparkerhenderson/architecture-decision-record/blob/main/templates/decision-record-template-by-michael-nygard/index.md

　たとえば、**リスト7-1**のように書きます。

リスト7-1　ADRの記録例

```
# ADR 5. 注文データベースにPaaSを選択

## ステータス

承認済み

## コンテキスト

書籍販売アプリケーションの注文サービスには、注文情報を永続化、クエリできるデータ➡
ベースが必要である。開発、運用者の習熟度の観点から、PostgreSQLの採用が決定している。

PostgreSQLに詳しいメンバーが開発、運用に参加するが、専任体制ではないため、できる限➡
り導入維持作業の負担は軽減したい。

AzureでPostgreSQLを使う場合、仮想マシンに導入するだけでなく、PaaSも利用できる。

## 決定

注文サービスのデータベースには、工数の削減を重視し、PaaSであるAzure Database for ➡
PostgreSQLを採用する。

なお、データベースのサイズは高々100GB程度であり、シャーディングが可能なAzure ➡
CosmosDB for PostgreSQLは選択しない。

## 影響

PaaSであるため、メンテナンスなど自由にコントロールできないイベントがある。よって、➡
一時的な接続エラーに対応しなければならない。Spring Retryなど再試行を支援するフレー➡
ムワークを合わせて検討する。

また将来、サービスの継続利用に不可避なバージョンアップなどの変更を強いられた場合、➡
アプリケーションを含めたテストが必要になる。モックではなく実サービスを使った統合テ➡
スト、負荷試験の自動化を徹底する。
```

　受け入れたトレードオフなど、負の影響も記録しましょう。決定時点では負の影響まで議論していたのに、ドキュメントには決定事項のみ記録したため忘れてしまった、という経験はありませんか。そういう情報こそ、後から必要になるものです。

　そして、一度作成したADRは、消さないようにしましょう。もし決定内容を変えるのであれば、元のADRのステータスを「取り消し」として、新たなADRを作ります。ADRに番号を振ってリンクしておくと、後から経緯を追いやすいです。

　なお、せっかくADRを作るのであれば、利害関係者が気軽に閲覧できるようにしましょう。GitHub Discussionsなどを活用してもよいでしょう。

推奨事項

✳ IaaSとPaaSの垣根をなくす

　IaaSとPaaSは、あくまで分類です。どちらかに絞らなければいけない、などということはありません。組み合わせて使いましょう。

　また、PaaSであっても、その土台であるIaaSのコントロールを部分的に開放するサービスもあります。NISTのPaaSの定義にある、次の文を実現しているわけです。

> 一方ユーザは自分が実装したアプリケーションと、場合によってはそのアプリケーションをホストする環境の設定についてコントロール権を持つ。

　たとえば、アプリケーションの実行基盤サービスであるAzure App Serviceは、仮想ネットワークとの統合機能を持ちます。ユーザーが作った仮想ネットワークと、PaaSであるAzure App Serviceのネットワークを接続できます。

参考文献 アプリをAzure仮想ネットワークと統合する
https://learn.microsoft.com/ja-jp/azure/app-service/overview-vnet-integration#regional-virtual-network-integration

　また、**図7-2**のように、IaaSのイベントハンドラをPaaSで作る、というパターンもあります。IaaSに限りませんが、リソースの変化イベントをAzure Event Gridを使ってAzure FunctionsやAzure Logic Appsに送ることで、多様なタスクを自動化できます。Azure Monitorのアラートをイベントソースにするパターンも、よく使われています。

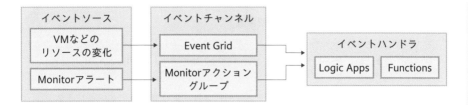

図7-2 PaaSで作るイベントハンドラ

参考文献 イベントベースのクラウドオートメーション
https://learn.microsoft.com/ja-jp/azure/architecture/reference-architectures/serverless/cloud-automation

　IaaSやPaaSという分類に縛られず、自由に組み合わせましょう。ヒントが必要であれば、クラウドプロバイダが公開するリファレンスアーキテクチャ集を覗いてみるのもよいでしょう。垣根を超えた組み合わせが、数多くあります。

参考文献 Azureアーキテクチャを参照する
https://learn.microsoft.com/ja-jp/azure/architecture/browse/

　従来、このような管理系機能を動かすためには、管理サーバなど実行環境を作成、維持する必要がありました。一方、クラウドのPaaSでは、少ない工数で導入維持できます。また、イベントの発生頻度が少なければ、実行回数ベースの従量課金プランを選択し、コストを抑えることもできます。

✏️ **Memo　クラウドサービスと「隙間家具」**

　クラウドサービスを使っていると「便利だけど、少し足りない」と感じることがあります。特にサービスの初期リリース時は、強く感じるのではないでしょうか。

　これには理由があります。クラウドサービスは、進化することを前提に提供されているからです。サービスの核となる機能を小さく作ってリリースし、ユーザーの意見を取り入れ、成長させるアプローチが好まれます。これは、導入したら数年後のバージョンアップまで進化しない、オンプレミス向け製品との大きな違いです。

　たとえば、Azure では、製品にフィードバックするサイトが公開されており、機能追加、改善要望を送れます。また、投票機能もあり、同じ要望がすでにあるなら、声を大きくできます。

参考文献　Azure Feedback
https://feedback.azure.com/d365community

　また、GitHub 上で要望や課題をディスカッションしているサービスもあります。Azure Kubernetes Service は、その例です。ロードマップも公開されており、要望や課題に対する取り組みが、バックログに入っている／計画されている／開発中／プレビュー中など、どのような状況にあるかを確認できます。

参考文献　Azure Kubernetes Service (AKS) issue and feature tracking
https://github.com/Azure/AKS

　よって、Azure のサービスで物足りないところがあれば、フィードバックサイトや GitHub を確認してみてください。すでに要望があれば投票したり、今後の見通しを立てたりするとよいでしょう。要望がなければ、ぜひ追加してください。

　ところで、もし要望がサービスに取り込まれる見込みがあるとしても、提供されるまでは、どのようにしのげばよいでしょうか。筆者のお勧めは、作れる機能であれば、作ってしまうことです。先述した Azure Functions や Azure Logic Apps などで、さっと作れてしまうケースは、少なくありません。

　このアプローチを、面白法人カヤックの藤原 俊一郎さんが、「隙間家具」という絶妙な表現で紹介されています。Azure ではなく AWS での話ですが、AWS に限った考えではありません。

> **参考文献** AWSの「隙間」を埋める隙間家具 OSS 開発 / AWS DevDay Tokyo 2019
> https://speakerdeck.com/fujiwara3/aws-devday-tokyo-2019
>
> 　藤原さんもおっしゃっていますが、**サービスとして機能が提供された際に、きれいに取り外せるようにする**のがポイントです。そして、取り外しやすくするため、作り方はさておき**大事にしすぎない**ようにします。不要になったら、感謝して捨てましょう。経験や能力は残ります。
>
> 　なお、隙間家具を作るべきか、誰が作るかの議論に時間がかかり、その間にサービスが機能提供してしまった、というケースがあります。また、隙間家具の開発を外部に委託し、「せっかく作ったので」となかなか捨てられない、という話を耳にしたこともあります。
>
> 　隙間家具をうまく使いこなすのは、**手が動き、敏捷性のあるチーム**という印象です。

✳ メンテナンスに備える

　IaaS、PaaSともに、何らかのメンテナンスはあります。メンテナンスに強いアプリケーションを作りましょう。

　メンテナンス対象の要素と、**それを呼び出す要素**、どちらも考慮してください。**第4章 スケールアウトできるようにする ＞ 安全にスケールインする** p.106 で紹介した推奨事項と、やるべきことは同じです。基本は、**メンテナンス対象での安全な終了と、呼び出す側での再試行の実装**です。

　メンテナンスに強いアプリケーションを作ることが難しい場合には、可能な範囲でメンテナンスをコントロールします。サービスによっては、メンテナンスのコントロール手段を提供しています。次に例を挙げます。

- Azure App Service Environment —— 手動アップグレード（通知から15日間はアップグレードを保留可能）
- Azure SQL Database —— メンテナンス期間の構成（平日夜間、週末夜間

など指定可能）

- Azure 仮想マシン —— セルフサービスメンテナンス（通知から4週間は再起動を保留可能）
- Azure 専用ホスト —— メンテナンス構成（再起動を伴わないメンテナンスも、通知から4週間は保留可能）

参考文献 App Service Environmentの計画メンテナンスのアップグレード設定
https://learn.microsoft.com/ja-jp/azure/app-service/environment/how-to-upgrade-preference?pivots=experience-azp

参考文献 メンテナンス期間の構成
https://learn.microsoft.com/ja-jp/azure/azure-sql/database/maintenance-window-configure?view=azuresql&tabs=azure-portal

参考文献 Azureでの仮想マシンのメンテナンス
https://learn.microsoft.com/ja-jp/azure/virtual-machines/maintenance-and-updates#maintenance-that-requires-a-reboot

参考文献 メンテナンス構成によるVMの更新の管理
https://learn.microsoft.com/ja-jp/azure/virtual-machines/maintenance-configurations

　ただし、緊急性の高い脆弱性対応などでは、例外としてメンテナンスが実行されるケースもあります。また、Azure App Service EnvironmentやAzure専用ホストなど、占有リソースが必要なサービスは、相応のコストがかかります。よって、まずはできる限りメンテナンスに強いアプリケーションを目指してください。

✳ 不明なサービス仕様は確認する

　プロバイダに管理とコントロールを委ねるのであれば、その対象と内容は仕様として公開されるべきです。アプリケーションを作り運用するにあたり、マネージドサービスの仕様に不明点があれば、プロバイダに確認してください。

✳ ドキュメントが物足りない問題

　クラウドの新しいサービスや機能は、プロバイダ自身、もしくは特定のユーザー向けの非公開試用（**プライベートプレビュー**）を経て公開されます。プライベートプレビューでは、そのサービスや機能が欲しい、とリクエストしたユーザーが主に試用するため、ドキュメントが未整備でも使えてしまう傾向があります。そして、

そのままパブリックプレビュー、一般提供に進んでしまうと「ドキュメントに重要なことが書いていない」という問題が起こります。プレビュー期間は運用実績を積むだけでなく、改善のためのフィードバックを期待して設けられます。ドキュメントの改善も目的の１つです。しかし、**スムーズに使いこなした**ユーザーに最適化されてしまうことがあるのです。

　ドキュメントに必要な仕様が明記されていなければ、サポートに問い合わせましょう。もちろん、クラウドの価値の１つは、抽象化されたリソースを内部の変化に依存せず使えることです。すべてが公開されるわけではありません。しかし、インターフェイスと可能な操作、期待される結果、制約などは、仕様として明記されるべきです。前述のように、ドキュメントに明記されていない理由は「プレビュー期間でフィードバックがなかったから」というケースも多くあります。不明な点は問い合わせましょう。その際に、どのドキュメントを確認したか、どのドキュメントに記載されていると理解が容易かを添えると、サポートとのコミュニケーションが円滑に進むでしょう。

✏️ **Memo**　クラウドプロバイダの違いを意識する

　各クラウドプロバイダが提供するマネージドサービスには、似た名前のものが多くあります。それらは似たような機能を提供することもあれば、まったく異なる場合もあります。

　また、名前が違っていても、役割が似ているものもあります。たとえば、AWSのVPCと、AzureのVNetです。この２つには、インターネットへのアクセス可否のデフォルト設定、サブネットがAZをまたげるかなど、大きな違いがあります。そのため、経験あるクラウドを前提に、検証なしで設計すると思わぬ問題につながります。

　なお、技術仕様だけでなく、料金プランやその考え方にも違いがあります。請求書を見てびっくり、とならないよう、気をつけましょう。

　標準化が進んだ製品、たとえばx86サーバのメーカー選びとは、事情が異なるのです。

第7章 マネージドサービスを活用する

✳ フィードバックは重要

たとえば、Azureでは公式ドキュメントの管理をGitHubで行っており、ドキュメントのフィードバックボタンがGitHubのIssueへリンクされています。Azureのドキュメントチームや開発チームへ質問や要望を直接伝えられるため、こちらを利用してもよいでしょう。ページの表示言語が日本語（ja-jp）だとフィードバックボタンが表示されませんが、英語（en-us）に変えると現れます。コミュニケーションには英語を使います。

ちなみに筆者はできる限り直接フィードバックするようにしています。「中の人」ゆえの主体性はありますが、欲しい情報を、すばやく、直接手に入れられる場は技術者として魅力的です。また、開発チームとのやりとりを通じ、関連する知識が得られることもあります。本質的な知識が、そういう場で偶然に得られた経験はないでしょうか。筆者は多くあります。

直接フィードバックする理由は、ほかにもあります。現代のITは世界中の技術者の「ちょっとした貢献」で成り立っていると考えるからです。OSSがその代表ですが、世界中の技術者が参照するドキュメントを改善することも、意義ある貢献の1つです。最近はオンライン翻訳サービスも実用的ですので、英語でのコミュニケーションの心理的なハードルは下がりました。

✳ 何を自ら作り運用すべきかを問う

「どのサービスを選ぶべきか、参考になるフローチャートや決定木、○×表はないか」という質問をいただくことがあります。

はい、あります。**図7-3**は、アプリケーション実行系（コンピューティング）サービスの選択フローチャートで、公式ドキュメントからの引用です。

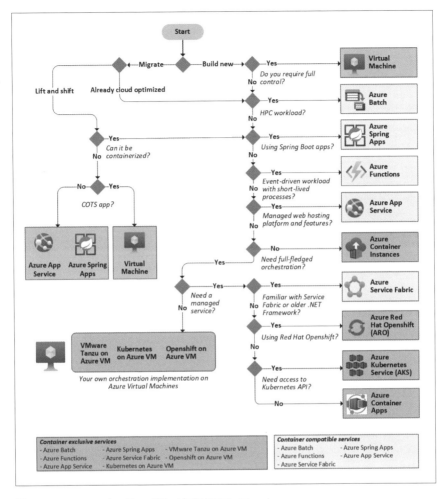

図7-3 Azure コンピューティングサービス選択フローチャート

出典 Azure コンピューティングサービスを選択する
https://learn.microsoft.com/ja-jp/azure/architecture/guide/technology-choices/compute-decision-tree

✿ 検討ポイント

公式ドキュメントでは、フローチャートだけでなく、検討のポイントや論点も整理されています。代表的な検討ポイントを抜き出します。

- ホスティングモデル
  - アプリケーションの構成（コンテナ、実行可能ファイルなど）
  - 密度（コンテナ、仮想マシンを共用／占有など）
  - 最小ノード数
  - ステートフルアプリケーション向き／不向き
  - Webホスティング機能の組み込み有無
  - 仮想ネットワーク統合可否
- アプリケーション開発と運用
  - ローカルデバッグ方式
  - プログラミングモデル
  - アプリケーション更新方式
- 性能拡張性
  - 自動スケール可否、方式
  - ロードバランサの組み込み有無、統合方式
  - スケールの上限
- 可用性
  - SLA
  - 複数リージョン構成の冗長化方式

　フローチャートと検討ポイントを一読すれば、どのようなサービスがあるか、どのような観点で検討すればよいかを、大まかに把握できます。フローチャートは設問とその結果がややシンプルな印象ですが、参考にはなるでしょう。

　ところで、ドキュメントには書かれていませんが、筆者が最も重要と考えるのは、「**何を自ら作り運用すべきか**」という問いです。この問いは「**IaaS、仮想マシンを使うべきか**」につながります。

　フローチャートでは、次の2つの設問を順にYesと答えると、仮想マシンに行き着きます。

- Build new（新しく作る）
- Do you require full control（フルコントロールが必要か）

　また、既存アプリケーションの移行、リフト＆シフトのシナリオでコンテナ化できない場合にも、仮想マシンにたどり着きます。

✸ フルコントロールが必要か

しかし実際には、あらゆる判断ポイントで「**フルコントロールが必要か**」という設問が頭をよぎるのです。「**何を自ら作り運用すべきか**」という議論がないと、コントロールできる範囲が最も広い仮想マシンを選択してしまいがちです。

目的を達成できそうなPaaSが提供されていても、仮想マシンで自ら作り運用すべきケースは、3つあるでしょう。

① 自ら作り運用することで、差別化できる
② プロバイダよりも、うまく作り運用する能力がある
③ 既存のアプリケーションの作りや条件が、プロバイダの提供する仕組みに合わない

①と②は、積極的に自ら作り運用するケースです。この選択が妥当かどうかは、置かれている競争環境と組織の能力によります。

一方で③は、消極的なケースです。使用するソフトウェアのサポートなど、やむを得ないノックアウト条件によって選ぶことはあります。既存アプリケーションを現状維持する優先度が高いのであれば、妥当な選択でしょう。クラウドらしさは失われますが、これもトレードオフです。

この3つのケースがすべて、と言うつもりはありません。しかし、仮想マシンを選択した理由がどれにも当てはまらない場合は、PaaSを使えないか再検討することをお勧めします。

✸ サービスや機能の非推奨化、終了に備える

サービスやその機能は、利用者数やビジネス状況によって、非推奨化や終了することがあります。これはクラウドに限った話ではありませんが、コントロールできる範囲が狭いマネージドサービスでは、回避が難しいケースもあります。残念ながら、代替サービスや機能への移行を強いられます。移行には時間が必要なため、プロバイダからの通知タイミングは重要です。

　よって、サービス継続性の通知に関するポリシーは、必ず確認しましょう。たとえば、Azureの各サービスは、「Microsoftモダンライフサイクルポリシー」に従います。

モダンライフサイクルポリシーが適用される製品では、Microsoftは、無料の製品やサービスまたはプレビューリリースを除き、後継の製品またはサービスを提供せずにサポートを終了する場合、少なくとも12か月前に通知します。

出典 モダンライフサイクルポリシー
https://learn.microsoft.com/ja-jp/lifecycle/policies/modern

　なお、サービスの非推奨化や終了に際しては、そのサービスをどのような理由で選択したかを記録しておくと、代替サービスや機能の選定に役立ちます。**Memo Architectural Decision Records（ADR）で決定を記録する** p.168 で紹介した、Architectural Decision Records（ADR）を参考にしてください。

7-3 まとめ

　本章では、マネージドサービスとは何かを考え直し、その価値と考慮点を整理しました。

　IaaSかPaaSかを問わず、クラウドはマネージドサービスの集合体です。何を自ら作り運用し、何を任せるかを考えましょう。その検討は、クラウドサービスを理解するだけでなく、自らが持つ資産と能力を見つめ直すよい機会となるはずです。

第8章

用途に適した
データストアを選ぶ

Use the best data store for your data

　かつて多くの組織では、アプリケーションで使うデータのほとんどを**リレーショ
ナルデータベース**に格納していました。リレーショナルデータベースは一般的に、
トランザクションシステムに求められる次の4つの特性、いわゆる**ACID特性**の
提供に長けています。

- ●原子性（Atomicity）
- ●一貫性（Consistency）
- ●独立性（Isolation）
- ●永続性（Durability）

　しかし、リレーショナルデータベースは、万能ではありません。使い方によって
は、次のような課題に直面します。

- ●処理コストの高い結合（Join）
- ●正規化やスキーマオンライトが求められ、変化に対して硬直的
- ●ロックの競合によるパフォーマンスへの影響
- ●表形式にしにくいデータ構造への対応
- ●性能拡張性（スケールアウトが難しい）

　クラウドサービスは、用途に応じた多様なデータストアサービスを提供していま
す。すべてをリレーショナルデータベースに押しつける必要はありません。

8-1 リレーショナルデータベースの代替技術

　規模が大きい、もしくは多機能なアプリケーションにおいて、リレーショナル
データベースだけでは、すべてのニーズを満たせないことがあります。もちろん、
理論や実績、ノウハウの蓄積の観点で、リレーショナルデータベースは魅力的な選
択肢です。しかし用途によっては、別のデータストアを選択、もしくはリレーショ
ナルデータベースと組み合わせることで、より効果的に問題を解決できるでしょ
う。次に挙げるのは、代表的な**非リレーショナルデータストア**です。

- ドキュメントデータストア
- 単票形式（列ファミリ）データストア
- キー／バリューデータストア
- グラフデータストア
- 時系列データストア
- オブジェクトデータストア
- 外部インデックス（検索向け）データストア

　これらの非リレーショナルデータストアは、従来のリレーショナルデータベースが採用している行と列という概念に縛られません。水平方向への柔軟なスケールを実現したものも多くあります。また、サポートするデータの種類やデータのクエリがより具体的になり、用途に特化、最適化される傾向があります。

　なお、**NoSQL**という、クエリにSQLを使用しないデータストアを広く指す言葉があります。しかし、NoSQLに位置付けられるデータストアの中には、SQL互換のクエリをサポートするものもあります。たとえば、Azure Cosmos DBは、格納したJSONドキュメントに対しSQLでクエリできます。「No」が否定を表すのか、「Not only」の頭文字を抜き出したのかで混乱させられがちですので、注意しましょう。この多様性については、追って推奨事項の中で紹介します。

参考文献　非リレーショナルデータとNoSQL
https://learn.microsoft.com/ja-jp/azure/architecture/data-guide/big-data/non-relational-data

　非リレーショナルデータストアには、それぞれ長所と短所があります。何がフィットするかは、要件によります。

　製品カタログを扱うアプリケーションを考えてみましょう。それぞれの製品の説明は、自己完結型のドキュメントです。柔軟なスキーマをサポートするAzure Cosmos DBなどのドキュメントデータストアが適するでしょう。そして、カタログ全体に対する検索向けには、Azure Cognitive Search など外部インデックスデータストアが向いています。

　ところで、リレーショナルデータベースと非リレーショナルデータストアを組み合わせるのは、どのような場合でしょうか。筆者の経験では、蓄積したノウハウの観点からリレーショナルデータベースを主とし、特徴的な要件があれば非リレーショナルデータストアを組み合わせるというケースが一般的です。ほかには、アプ

第8章　用途に適したデータストアを選ぶ

リケーションの参照、分析系機能が、SQLでの柔軟なクエリを必要とするケースが挙げられます。**第3章 調整を最小限に抑える** p.078 で紹介したCQRSパターンでは、Query側のデータストアにリレーショナルデータベースを採用することが珍しくありません。

8-2 推奨事項

✿ 要件に適するデータストアを選ぶ

　データとその使い方に適するデータストア技術を選びましょう。たとえば次のような検討ポイントがあります。

- 正規化
- スキーマ（オンライト※1／オンリード※2）
- 原子性
- 一貫性
- ロック戦略（悲観的／楽観的）
- アクセスパターン（ランダム／集計）
- インデックス（プライマリのみ／セカンダリあり）
- データ形式（ドキュメント／単票　etc.）
- スパース（すべての列や属性に値を持つ必要がない）
- ワイド（列や属性が多い）
- データのサイズ（1レコード、1テーブルなど格納単位）
- 性能拡張性

　表8-1に、代表的な4つのデータストア技術と、その特徴をまとめます。実装に

※1　データを書き込む時点でスキーマは定義されている。定義に合わないデータは書き込めない。

※2　データを読み取る時点でスキーマを適用する。書き込み形式の自由度が高い。

強く依存する検討ポイントは省略しています。また、実装や製品によっては、この表の評価は正しくない可能性があります。**筆者の考える一般的な特徴**、とご理解ください。

表8-1　データストア技術の特徴

検討ポイント	リレーショナルデータベース	ドキュメント	単票形式（列ファミリ）	キー／バリュー
正規化	正規化	非正規化	非正規化	非正規化
スキーマ	オンライト	オンリード	列ファミリはオンライト、列スキーマはオンリード	オンリード
アクセスパターン	ランダムアクセス	ランダムアクセス	集計	ランダムアクセス
データ形式	表形式	ドキュメント（JSONなど）	表形式	キーと値
ワイド（列や属性が多い）	いいえ	はい	はい	いいえ
データのサイズ（1レコード、1テーブルなど格納単位）	小規模（KB）	小規模（KB）から中規模（MB）	中規模（MB）から大規模（GB）	小規模（KB）
性能拡張性	大規模（TB）	非常に大規模（PB）	非常に大規模（PB）	非常に大規模（PB）

　なお、盲点になりがちですが、ログやイベント、メッセージ、キャッシュなどもアプリケーションにとって重要なデータです。とりあえずファイルサーバに、などと言わず、用途に適したデータストアを検討しましょう。

🌸 一貫性に関するトレードオフを理解する

　1つのデータセンターに配置したリレーショナルデータベースへデータを集約するやり方に慣れていると、クラウドの複数のデータセンターやリージョンに配置できるデータストアサービスとの違いに驚くでしょう。その違いの中でもよく議論になるテーマが、一貫性に関するトレードオフです。

🌸 CAPとPACELC

　このトレードオフは、**CAP定理**として広く知られています。離れた場所にある

ノードをネットワークでつないだ分散データストアでは、次の３つの特性のうち１つをあきらめる必要がある、という主張です。

- ●一貫性（Consistency）
- ●可用性（Availability）
- ●ネットワーク分断耐性（Partition-tolerance）

参考文献 CAP定理
https://learn.microsoft.com/ja-jp/dotnet/architecture/cloud-native/relational-vs-nosql-data#the-cap-theorem

　しかし、ネットワークの分断は選択できるものでなく、起こるものです。また、可用性という言葉も文脈などによって解釈が異なるため、誤解を招きがちです。

　さらに、ネットワークの分断がない状態でも、遅延と一貫性のどちらかを選択しなければならない、という主張もあります。それはCAPを拡張して、**PACELC**と名付けられています。**図8-1**に概念を示します。

- ●ネットワーク分断（Partition）が生じた状況では、可用性（Availability）か一貫性（Consistency）を選択する必要がある
- ●そうでない状況（Else）でも、遅延（Latency）か一貫性（Consistency）を選択しなければならない

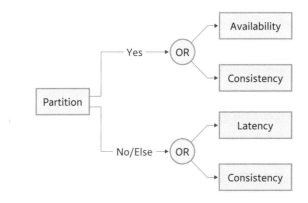

図8-1　PACELC

参考文献 System Design Interview Basics：CAP vs. PACELC
https://designgurus.org/blog/system-design-interview-basics-cap-vs-pacelc?utm_source=pocket_saves

このようにCAP定理は、定理としては課題が多く、厳密な議論や理解には向きません。しかし、一貫性に関するトレードオフを議論するためのきっかけとしては価値があります。

✸ 一貫性に関するトレードオフ

一貫性に関するトレードオフの具体例を紹介します。複数データセンター（可用性ゾーン）、リージョンに分散配置できるAzure Cosmos DBの例です。

Azure Cosmos DBは、次の整合性（一貫性）レベルを選択できます。

- 強固（Strong consistency）
- 有界整合性制約（Bounded staleness consistency）
- セッション（Session consistency）
- 一貫性のあるプレフィックス（Consistent prefix consistency）
- 結果整合性（Eventual consistency）

参考文献 Azure Cosmos DBの整合性レベル
https://learn.microsoft.com/ja-jp/azure/cosmos-db/consistency-levels

それぞれの詳細は割愛しますが、上から一貫性の強い順で並べています。

強固な整合性レベルを選択すると、どの複製においても、クライアントの読み取り要求には常にアイテムの最後にコミットされたバージョン、つまり最新バージョンが返ります。たとえば、**図8-2**のように、東日本リージョンで書き込んだデータを、複製先の西日本リージョンで読み取っても、最新の値を取得できます。しかし、強固な整合性レベルを選択すると、複数リージョンでの書き込みはできません。障害時にはフェイルオーバーできますが、書き込めるリージョンは1つです。また、書き込みの待機時間は、リージョン間の遅延の影響を受けます。

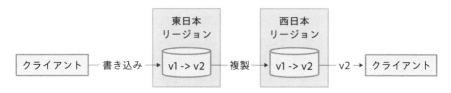

図8-2　Cosmos DBリージョン間複製（強固な整合性）

　一方、一貫性の最も弱い**結果整合性**レベルを選択すると、**図8-3**のように、クライアントはいずれ最新のバージョンを読み取れますが、タイミングによってはアイテムの古いバージョンを読み取る可能性があります。反面、強固な整合性の2倍の読み取りスループットを提供します。複数リージョンでの書き込みも可能です。

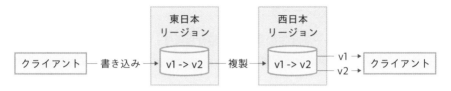

図8-3　Cosmos DBリージョン間複製（結果整合性）

　多様な一貫性要件と許容できるトレードオフに合わせて選択できるよう、Azure Cosmos DBは強固と結果整合性のほかにも3つのレベルを提供しています。それぞれのレベルの特徴はドキュメントで解説されていますが、形式仕様言語であるTLA+でも定義されており、正確に理解したい方は一読をお勧めします。

> **参考文献** High-level TLA+ specifications for the five consistency levels offered by Azure Cosmos DB
> https://github.com/Azure/azure-cosmos-tla

　1つのデータセンターに配置したリレーショナルデータベースへデータを集約するやり方に慣れていると、強い一貫性を求めてしまいがちです。しかし、データの中には、利用者へ厳密に最新の状態を伝える必要がないものもあるでしょう。

　一貫性の優先度を下げて得られるものは大きいため、無条件で強い一貫性を選択しないようにしましょう。

✸ ポリグロット・パーシステンスに取り組む

　「polyglot」（ポリグロット）とは、多言語を意味します。ポリグロット・プログラミングという言葉を聞いたことがあるでしょうか。1つのプログラミング言語だけでは表現できないことを、複数のプログラミング言語を組み合わせて実現するアプローチです。SQLの埋め込みは、その一例です。

　そして「persistence」（パーシステンス）は永続を意味し、ITの文脈では

データの永続化を指します。よって、**ポリグロット・パーシステンス**とは、多様な永続化手段、つまりデータストアを組み合わせることです。

参考文献 PolyglotPersistence
https://martinfowler.com/bliki/PolyglotPersistence.html

そのコンセプトや必要性については、これまで述べたとおりです。コンセプトに印象的な名前が付くと記憶に残りやすいため、紹介しました。

✿ 開発チームの能力を考慮する

用途に合ったデータストアを組み合わせるポリグロット・パーシステンスにはメリットがありますが、使い手の能力によっては過剰になることがあります。新しいデータストア技術を活用するには、新しい能力が必要です。クラウドサービスのアイコンを線でつないだだけの**アーキテクチャ**と、実装の間は遠く離れています。

✿ データの永続化は生命線

アプリケーション開発者にとって、**データの永続化**は重要なテーマです。どんなトラブルに見舞われても、データが永続化され残っていれば、希望があるからです。よって、コードを読み、どのようにデータストアへ永続化するかが腑に落ちるまでは、自信を持てないのではないでしょうか。筆者はそうでした。

クラウドへの移行においては、さまざまな新技術に出会うことでしょう。はじめは誰でも初心者です。とにかく手を動かし、経験を積み、ものにするしかありません。その際のポイントは、特に重要でリスクの高いテーマから集中的に学ぶことです。その1つが、**データストアへの永続化**です。いくらポリグロット・パーシステンスに価値があるとしても、使ったことのないデータストアをいくつも並べるのは不安です。あせらず、特に採用効果が大きく、アプリケーションのコアになるデータストアから取り組むとよいでしょう。

なお、クラウドサービスの公式ドキュメントやGitHubには、参考になるサンプルコードが多く公開されています。また、Microsoft Learnのコードサンプル集は、データストアなどサービスでフィルタして検索できます。ぜひ参考にしてください。

参考文献　コードサンプルを参照
https://learn.microsoft.com/ja-jp/samples/browse/?expanded=azure

境界付けられたコンテキストでデータストアを使い分ける

第３章 調整を最小限に抑える ＞ ドメインイベントを検討する p.077 で触れた、**境界付けられたコンテキスト**によって、アプリケーションを複数のサービスへ分割できることがあります。この分割によって、データストアも用途に応じて使い分けやすくなります。

境界付けられたコンテキストとは、ドメインを人や組織とその関心事によって分割した、サブドメインです。たとえば製品データを製品カタログと製品在庫、２つの境界付けられたコンテキストにそれぞれ持つと扱いやすいケースがあります。製品カタログを登録、メンテナンスする人と、倉庫で在庫管理をする人では、製品に対する関心事や言葉づかいが違うからです。

２つの境界付けられたコンテキストでは、データの保管、更新、クエリについても異なる要件を持つことがあります。するとデータストアに対しても、異なる要件を持ちます。結果的に、ポリグロット・パーシステンスにつながります。

補正トランザクションを検討する

ポリグロット・パーシステンスを採用したアプリケーションでは、１つのトランザクションが複数のデータストアにデータを書き込むことがあります。仮にいずれかが失敗した場合は、すでに終了しているすべての手順を元に戻す**補正トランザクション**が必要です。**第２章 自己復旧できるようにする ＞ 失敗したトランザクションを補正する** p.060 を参考にしてください。

イノベーションを取り込むタイミングを見極める

ここまでの解説と矛盾するようですが、「このデータストアに集約すればよいのでは」と思えるようなイノベーションも起こっています。たとえば、次のような動

向は注目に値します。

- マルチデータモデル
- 非リレーショナルデータベースでのACIDトランザクションサポート
- NewSQL

✿ マルチデータモデル

まずは**マルチデータモデル**です。複数のデータモデルをサポートするデータストア が増えています。Azure Cosmos DBがその例です。Azure Cosmos DB は、次のデータモデル（API）をサポートしています。

- SQL
- MongoDB
- Apache Gremlin（グラフ）
- Apache Cassandra
- テーブル
- etcd
- PostgreSQL（ほかのAPIとはデータベースエンジンも異なる。**第5章 分割して上限を回避する ＞ 水平的分割（シャーディング）** p.117 を参照）

参考文献 Azure Cosmos DB で API を選択する
https://learn.microsoft.com/ja-jp/azure/cosmos-db/choose-api

Azure Cosmos DBは内部的に、シンプルな構造体形式でデータを格納しま す。そのデータを、Azure Cosmos DBのデータベースエンジンが選択したデー タモデルへ変換します。

また、マルチモデルをサポートするリレーショナルデータベースもあります。た とえば、Azure SQL DatabaseはJSONをサポートしており、クエリの結果を JSON形式にしたり、列に格納されたJSONドキュメントをクエリで操作できた りします。**リスト8-1**のSQLは、Peopleテーブルへのクエリ結果を、FOR JSON句 を使ってJSONで受け取る例です。PATHモードを指定し、クエリで "info.name" のようにドット構文を使って、出力データの構造を表現できます。

リスト8-1　Peopleテーブルへのクエリ結果を、FOR JSON句を使ってJSONへ変換（SQL）

```sql
SELECT id, firstName AS "info.name", lastName AS "info.surname", age, dateOfBirth AS dob
FROM People
FOR JSON PATH;
```

⬇

実行結果（JSON）

```
[
  {
    "id": 2,
    "info": {
      "name": "John",
      "surname": "Smith"
    },
    "age": 25
  },
  {
    "id": 5,
    "info": {
      "name": "Jane",
      "surname": "Smith"
    },
    "dob": "2005-11-04T12:00:00"
  }
]
```

出典　SQL ServerのJSONデータ
https://learn.microsoft.com/ja-jp/sql/relational-databases/json/json-data-sql-server?view=azuresqldb-current

✿ 非リレーショナルデータベースでのACIDトランザクションサポート

　次の動向は、非リレーショナルデータベースでの**ACIDトランザクション**のサポートです。ACIDトランザクションのサポートは、リレーショナルデータベース特有の利点と思われがちですが、そうではありません。

　たとえば、Azure Cosmos DBは、ACIDトランザクションをサポートします。**第5章 分割して上限を回避する ＞ 水平的分割（シャーディング）** p.117 で解説したとおり、Azure Cosmos DBは、データを**コンテナ**と呼ぶ論理的な箱に格納します。さらに、コンテナは論理パーティションに分割されます。そして、論理パーティションをスコープとするデータベース操作はすべて、データベースエンジン内

でトランザクションとして実行されます。内部的には、スナップショット分離が行われます。

参考文献 トランザクションとオプティミスティック同時実行制御
https://learn.microsoft.com/ja-jp/azure/cosmos-db/nosql/database-transactions-optimistic-concurrency

ただし、トランザクションの書き方は、リレーショナルデータベースと異なります。BEGIN や START で開始し、COMMIT や ROLLBACK する書き方に慣れていると、はじめはとまどうでしょう。

Azure Cosmos DB向けに複数の操作からなるトランザクションを書くには、操作をトランザクションバッチと呼ぶグループにまとめます。**リスト8-2**は、C#でトランザクション開始時に、トランザクションバッチを作成する例です。

リスト8-2 トランザクション開始時に、トランザクションバッチを作成（C#）

```
PartitionKey partitionKey = new PartitionKey("road-bikes");

TransactionalBatch batch = container.CreateTransactionalBatch(partitionKey);
```

出典 ［**リスト8-2～8-5**］.NET または Java の SDK を使用した Azure Cosmos DB でのトランザクションバッチ操作
https://learn.microsoft.com/ja-jp/azure/cosmos-db/nosql/transactional-batch?tabs=dotnet

そして、複数の操作をトランザクションバッチに追加します（**リスト8-3**）。

リスト8-3 複数の操作をトランザクションバッチに追加（C#）

```
Product bike = new (
    id: "68719520766",
    category: "road-bikes",
    name: "Chropen Road Bike"
);

batch.CreateItem<Product>(bike);

Part part = new (
    id: "68719519885",
    category: "road-bikes",
    name: "Tronosuros Tire",
    productId: bike.id
);

batch.CreateItem<Part>(part);
```

　最後に、トランザクションバッチのメソッドExecuteAsyncメソッドでトランザクションを実行します（**リスト8-4**）。

リスト8-4　トランザクションを実行（C#）

```
using TransactionalBatchResponse response = await batch.ExecuteAsync();
```

　ExecuteAsyncメソッドが呼び出されると、トランザクションバッチ内のすべての操作がグループ化されます。そして、シリアライズされ、Azure Cosmos DBに1つのリクエストとして送信されます。

　Azure Cosmos DBがリクエストを受信し、トランザクションスコープ内のすべての操作が実行されると、リクエストと同じシリアライズ規約に従ってレスポンスを返します。このレスポンスは、成功または失敗のいずれかですが、操作ごとの結果も返します。よって、**リスト8-5**のように操作ごとの結果を処理できます。

リスト8-5　操作ごとの結果を処理（C#）

```
if (response.IsSuccessStatusCode)
{
    TransactionalBatchOperationResult<Product> productResponse;
    productResponse = response.GetOperationResultAtIndex<Product>(0);
    Product productResult = productResponse.Resource;

    TransactionalBatchOperationResult<Part> partResponse;
    partResponse = response.GetOperationResultAtIndex<Part>(1);
    Part partResult = partResponse.Resource;
}
```

　ほかにも、大規模データ処理や分析領域で、**Delta Lake（デルタレイク）**のようにACIDをサポートする取り組みが見られます。Delta Lakeとは、多様なデータを蓄積する**データ**レイクのストレージ操作において、信頼性や性能を高める仕組みとデータ形式です。Delta LakeプロジェクトでOSSとして開発されています。

　「Delta」という言葉は、値や状態の変化、差分という意味を持ちます。Delta Lakeの中核にある技術は操作による変化を記録するログと、それを用いたトランザクションの仕組みです。

参考文献 Delta Lake
https://github.com/delta-io/delta

　Delta Lakeは、Apache Spark APIと互換性があります。ちなみに、Apache SparkをベースにしたマネージドサービスであるAzure Databricksでは、Delta Lakeがデフォルトのストレージ技術として採用されています。

参考文献 Delta Lake とは
https://learn.microsoft.com/ja-jp/azure/databricks/delta/

✹ NewSQL

　イノベーティブな技術動向の最後は、**NewSQL**です。NewSQLとは、従来のリレーショナルデータベースが持つACID特性、強い一貫性を提供しながら、NoSQLのような性能拡張性を目指すデータストアです。Google Spannerのようにクラウドプロバイダが提供するサービスに加え、コミュニティで活発に開発されているものもあります。次はCloud Native Computing Foundation（CNCF）のプロジェクト、もしくはCNCF登録メンバー企業が開発しているNewSQLの代表例です。

- ●CockroachDB
- ●TiDB
- ●YugabyteDB

参考文献 CNCF Cloud Native Interactive Landscape
https://landscape.cncf.io/card-mode?category=database&project=hosted,member&grouping=no

　なお、NewSQLには位置付けられませんが、既存のリレーショナルデータベースを活かして高い性能拡張性を実現したデータストアもあります。**第5章 分割して上限を回避する ＞ 水平的分割（シャーディング）** p.117 で解説したPostgreSQLベースのAzure Cosmos DB for PostgreSQLや、MySQLをベースにしたVitessが代表例です。

参考文献 Azure Cosmos DB for PostgreSQLとは
https://learn.microsoft.com/ja-jp/azure/cosmos-db/postgresql/introduction

参考文献 Vitess
https://vitess.io/

さて、この推奨事項でいくつかのイノベーションを紹介しました。一方で、**データのライフサイクル**を意識する必要もあります。一般的にデータのライフサイクルは、アプリケーションより長いです。アプリケーションは作り変えられても、データストアは簡単に乗り換えられないケースが多いでしょう。イノベーションに合わせて、次々とデータストアを変え続けるのは難しいはずです。そして繰り返しになりますが、データの永続化はクリティカルな問題です。信頼に足るデータストアかを見極めるには、十分な検証と運用ノウハウの蓄積が必要でしょう。

イノベーションを取り込むタイミングを見極めてください。手の内に入っている技術を中心に、少しずつ新しいものへ切り出し、挑戦するのもよいでしょう。ポリグロット・パーシステンスは、過渡期を支える戦略としても有効です。

8-3　まとめ

本章では、リレーショナルデータベースだけではない、さまざまな用途向けのデータストアを紹介しました。加えて、いま起こっているイノベーションもお伝えしました。どれを選ぶのが正解なのか、と迷ってしまったのではないでしょうか。

そのとおり、1つの正解はありません。用途（アプリケーションの要件）だけでなく、組織の能力や検討したタイミングによって、適するデータストアは異なります。

組織の能力やタイミングの重要性は、データストアに限った話ではありません。しかし、同時並行でさまざまな変化が起こるクラウドでは、データストアはよりどころです。自信を持って使える、もしくは、そうなるように投資したいと思えるデータストアを選択しましょう。

第**9**章

進化を見込んで
設計する

Design for evolution

　よくできたアプリケーションであっても、長く使うと進化や変更が求められるものです。少し考えただけでも、次のような変更が挙げられます。

- バグの修正
- 新機能の追加
- 新しい技術の導入
- 性能拡張性や回復性の改善
- ソフトウェアやクラウドサービスのバージョンアップ
- セキュリティリスクの低減

　アプリケーションは、作り上げた瞬間に陳腐化し始めます。「リリースしたら3年はいじらないぞ」などと決意しても、アプリケーションを取り巻く環境は変化します。ビジネスとITの変化が激しい昨今、その変化は無視できません。

　もちろん、いま課題でないことや、困っていないことを考えすぎてはいけません。実装するかも別問題です。先取りが過ぎると、その取り組みに投資する合意も得にくいでしょう。そして、仮に合意が得られたとしても、目の前にない課題の解決には身が入らないものです。将来を見据えて取り組んだ新しい技術や手法が悪者にされる光景を、筆者は多く目にしてきました。

　しかし、将来に起こりうる変化を前もって考えておくことに価値はあります。それに疑いはありません。

9-1 テストを自動化し、マイクロサービスから学ぶ

　第6章 運用を考慮する ＞ テストを自動化する p.158 で述べたとおり、運用中のアプリケーションに変化を加えるのであれば、変化を加えていない部分も合わせてテスト（回帰テスト）すべきです。そして、テストを手作業で行っていると、小さい変更、変化であっても、テスト工数はかさみます。その工数は、変化への抵抗になります。よって**テストの自動化**は、変化に強いアプリケーションを作る基本戦略です。

　一方、テストの自動化だけでは解決しない場合もあります。たとえば、次のようなケースです。

- アプリケーションの構造が理解しにくく、どこをどのように変更すればよいかわからない
- アプリケーションの構造が理解しにくく、変更の影響がわからない
- アプリケーションの構造は理解できるが、変更による影響が大きい（多くを変更する必要がある）

　つまり、アプリケーションが理解しにくい、もしくは変更の影響が大きい場合です。このようなアプリケーションは一言で**複雑**と言ってよいでしょう。複雑さはアプリケーションのコード量、規模の問題ではありません。コード量が多くとも、理解、変更しやすいアプリケーションはあります。

　複雑なアプリケーションの変更を容易にするには、テストを自動化するだけでは不十分です。アプリケーションの構造的な問題だからです。

　複雑なアプリケーションの代表例は、**密結合されたアプリケーション**です。アプリケーションの構成要素が緊密につながっていると、変更が難しくなります。アプリケーションの1か所に変更を加えることで、別の部分が機能しなくなったり、全体に影響が波及したりすることもあります。

　マイクロサービスアーキテクチャ（以降、**マイクロサービス**）は、構成要素の結合度を弱めるため、ひいては変更、改良に耐える設計を実現する手段として期待されています。もちろん、マイクロサービスは変化に強いアプリケーションを作るための唯一の解ではありません。アプリケーションによっては過剰なこともあるでしょう。「まだ困っていないのに、また、腹落ちしていないのに取り組んでしまい、無駄に複雑になった」という声もよく聞きます。

　しかし採用に至らずとも、その背景や狙い、特徴を理解しておく価値はあります。そこで本章の推奨事項では、マイクロサービスの文脈で語られる実践、手法を中心に、変化に強いアプリケーションを作るためのアイデアを紹介します。

9-2　推奨事項

✿ 高凝集と疎結合を徹底する

　高凝集なサービスとは、サービスが責務に集中しており、その構成要素にまとまりがあるサービスです。サービスの提供機能が明確に絞り込まれ、それに関係の深い要素が「ぎゅっと」集まっている、とイメージするとよいでしょう。裏を返せば、関係の薄いものが含まれない、とも言えます。明確に定義された1つの目的（在庫管理、ユーザーアカウントの管理、配送履歴の追跡など）を持つサービスは**高凝集**です。

　そして、**疎結合なサービス**とは、1つのサービスを変更しても、ほかのサービスを変更する必要がないサービスです。

　凝集度が高い（高凝集な）サービスは、ほかのサービスとの結合度が低くなりやすいです。逆に、あるサービスを変更するためにほかのサービスも変更する必要がある、つまり結合度が高い場合、その原因の多くは凝集度の低さです。

　第3章 調整を最小限に抑える ＞ ドメインイベントを検討する `p.077` で紹介した境界付けられたコンテキストは、高凝集で疎結合なサービスの分割に役立ちます。

　参考文献 ドメイン分析を使用したマイクロサービスのモデル化
https://learn.microsoft.com/ja-jp/azure/architecture/microservices/model/domain-analysis

✿ ドメインナレッジをカプセル化する

　それぞれのサービスは、ビジネスルールなどの**ドメインナレッジ**をカプセル化し、クライアントからそのナレッジを抽象化、隠蔽すべきです。

　たとえば、ドローンによる配送アプリケーションを想像してみましょう。出荷サービスは、ドローンの配送スケジューリングアルゴリズムの詳細や、使用するドローンの管理方法を知らなくても、ドローンのスケジュールを設定できるようにすべきです。そうしないと、出荷サービス側にドローンのスケジューリングや管理などのルールを実装することになり、ドメインナレッジが分散します。

　ドメインナレッジがアプリケーションのさまざまな部分に分散すると、変更の影響は大きくなります。

✿ 非同期メッセージングを活用する

　非同期メッセージングは、メッセージのプロデューサーをコンシューマーから分離するための手段です。文字通り、プロデューサーはメッセージを生成（プロデュース）し、送ります。一方、コンシューマーは、それを受け取って処理、消費（コンシューム）します。

　非同期メッセージングでは一般的に、プロデューサーとコンシューマーの間でメッセージを仲介するメッセージブローカを使います。

> **参考文献**　非同期メッセージングのオプション
> https://learn.microsoft.com/ja-jp/azure/architecture/guide/technology-choices/messaging

　プロデューサーは、コンシューマーの内部構造や挙動に依存、関与しません。コンシューマーのメッセージへの応答や、特定のアクションの実行も求めません。よって、メッセージブローカによる非同期メッセージングは、分割したサービス間の通信に有用な技術です。お互いの変化の影響を受けないため、アプリケーションを変化に強くする技術と言えます。

✿ パブリッシュ／サブスクライブパターン

　非同期メッセージングのパターンに、**パブリッシュ／サブスクライブ**パターンがあります。メッセージの公開者（パブリッシャー）が特定のトピックへ送信したメッセージを、トピックの購読者（サブスクライバー）へ伝えるパターンです。**図9-1**のように、1対多の非同期メッセージングを実現します。もしサービスの追加や廃止でサブスクライバーが増減しても、パブリッシャーはそれを意識する必要

がありません。パブリッシャーは変わらず、メッセージをメッセージブローカに送るだけです。

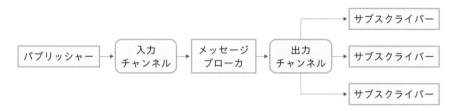

図9-1　パブリッシュ／サブスクライブパターン

参考文献　パブリッシャーとサブスクライバーのパターン
https://learn.microsoft.com/ja-jp/azure/architecture/patterns/publisher-subscriber

✳ オープンなインターフェイスを公開する

サービスの呼び出しに独自で個別の仕組みを使ったり、変換したりすることは避けます。オープンで、明確に定義された**コントラクト**を使ってサービスのAPIを公開しましょう。

✳ APIコントラクト

APIコントラクトとは、APIの契約書、つまり仕様です。APIが提供する機能、パラメータに指定可能な値、エラーの意味などを定義し、利用者へ公開します。それを支援する形式、ツールとしてOpenAPI/Swaggerが著名です。広く使われている手段を利用すれば、学習コストの低減、クラウドサービスやツールのサポートを期待できます。

明確に定義されたAPIコントラクトがあれば、それに準じて開発とテストを進められます。しかし、それがなければ、依存するサービスの実体を使って開発、テストしなければなりません。すると、依存サービスの「レスポンスや挙動が正」となりがちで、依存サービス側の進捗や変化に振り回されます。APIコントラクトがあれば、その影響を受けず、モックなどテストダブルを作ってテストできます。

❋ APIのバージョン管理

また、APIのバージョンを管理し、旧バージョンとの互換性を維持しながら改良を加えられるようにしましょう。そうすることで、APIの呼び出し側を変更しなくても、サービスを更新できます。つまり、APIの変更の際には、新しいAPIバージョンを追加してください。以前のバージョンも引き続きサポートし、呼び出す側がバージョンを選択できるようにします。

これを行うには、いくつかの方法があります。まずは**図9-2**のように、単に複数のバージョンを同じサービスで公開する方法です。サービスに、リクエストされたバージョンを判断するロジックを組み込みます。

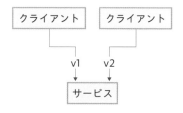

図9-2　同じサービスで複数バージョンを提供する

ほかには**図9-3**のように、異なるバージョンのサービスを並行に実行し、リクエストをゲートウェイなどで要求するバージョンのサービスへルーティングする方法があります。

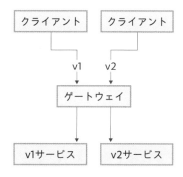

図9-3　ゲートウェイでそれぞれのバージョンへルーティングする

参考文献　APIのバージョン管理

https://learn.microsoft.com/ja-jp/azure/architecture/microservices/design/api-design#api-versioning

　一概にどちらがよいとは言えませんが、バージョンアップに伴う大胆な機能変更などで、サービスの作りを大きく変えたくなることがあります。その場合は新バージョンを独立したサービスとし、ゲートウェイを使ってルーティングするのがよいでしょう。

　当然ながら、複数のバージョンを維持し続けるのは負担です。そのため、可能な限り早く旧バージョンを非推奨にし、呼び出す側へ新バージョンへの移行を促す必要があります。よって、APIバージョンアップ方針の明文化と周知をお勧めします。組織に閉じたAPIであれば、できるだけ早い段階で議論、合意するとよいでしょう。なお、組織外に公開するAPIは廃止が容易ではありません。十分な説明と移行期間が求められます。

✸ インフラストラクチャを抽象化し、ドメインロジックと分離する

　インフラストラクチャに関する機能（メッセージングや永続化など）を抽象化し、ドメインロジック（ビジネスロジック）やモデルなどアプリケーションのコアから分離します。そうしないと、ドメインロジックが変更された場合に、インフラストラクチャレイヤーでも変更が必要になることがあります。逆も同様です。

　また、インフラストラクチャをテストダブルに差し替えられるようにすると、テストが容易になります。なお、本番環境がクラウドであっても、テストは開発者の端末やCIパイプラインでも行われるでしょう。特定のインフラストラクチャへ依存しないようにしてください。

参考文献 クリーンアーキテクチャ
https://learn.microsoft.com/ja-jp/dotnet/architecture/modern-web-apps-azure/common-web-application-architectures#clean-architecture

✸ サービスを個別にデプロイできるようにする

　リリース対象のサービスを、ほかのサービスと切り離してデプロイできるようにすれば、運用中の更新をすばやく安全に行えます。アプリケーションとリリースプロセスのどちらも、独立した更新ができる設計にしましょう。

本書から得られるものが1つだけだとしたら、それは「マイクロサービスに独立デプロイ可能性の概念を確実に取り入れよう」ということだ。1つのマイクロサービスへの変更を、他の何かをデプロイすることなく本番環境にリリースする習慣を身につけよう。そうすれば、多くの良いことがついてくるはずだ。

出典 『モノリスからマイクロサービスへ』ISBN：9784873119311（オライリー・ジャパン）
https://www.oreilly.co.jp/books/9784873119311/

✺ マイクロサービスアーキテクチャの設計パターンから学ぶ

マイクロサービスでよく使われるパターンから学べることも多いでしょう。いくつか代表的な設計パターンを紹介します。**図9-4**が全体像です。

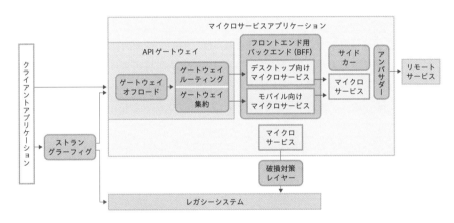

図9-4 マイクロサービスでよく使われる設計パターン

参考文献 マイクロサービスの設計パターン
https://learn.microsoft.com/ja-jp/azure/architecture/microservices/design/patterns?utm_source=pocket_saves

第9章 進化を見込んで設計する

✿ ストラングラーフィグパターン

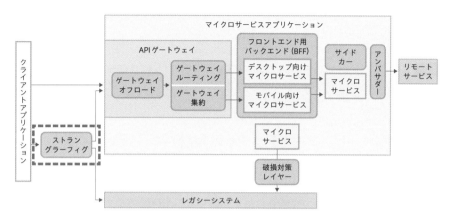

図9-5　ストラングラーフィグパターン

　ストラングラーフィグパターン（**図9-5**）は、機能の特定の部分を新しいサービスに徐々に置き換えます。アプリケーションの段階的な移行やリファクタリングに役立ちます。**ストラングラーファサード**と呼ばれる、リクエストを新旧に振り分ける仕組みを挟みます。後述するAPIゲートウェイが役割を兼ねることもあります。

　ストラングラーフィグパターンは、Strangler Figという締め殺しの木から名付けられました。ほかの植物につるを絡ませながら成長し、太陽光を奪われた宿主は枯れてしまうそうです。じわじわと枯らしていく、というイメージです。

参考文献　ストラングラーフィグパターン
https://learn.microsoft.com/ja-jp/azure/architecture/patterns/strangler-fig

　続いて、APIゲートウェイを使ったパターンです。3つあります。

✹ ゲートウェイオフロードパターン

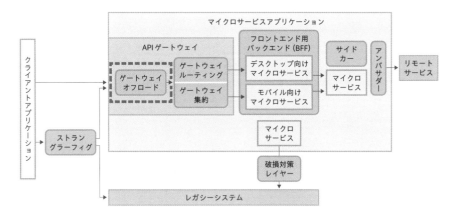

図9-6 ゲートウェイオフロードパターン

　ゲートウェイオフロードパターン（**図9-6**）は、TLSの終端や認証など、共通する機能を各マイクロサービスからAPIゲートウェイにオフロードします。個々のマイクロサービスが使うリソースを減らせる、実装や管理の手間を省けるなどの効果を期待できます。セキュリティ観点でも、守るべき境界を集約できるという利点があります。

参考文献 ゲートウェイオフロードパターン
https://learn.microsoft.com/ja-jp/azure/architecture/patterns/gateway-offloading

第9章 進化を見込んで設計する

✦ゲートウェイルーティングパターン

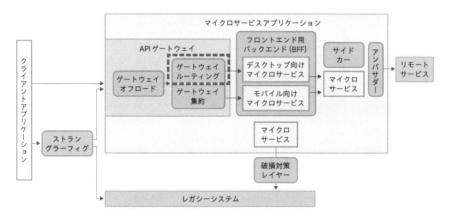

図9-7　ゲートウェイルーティングパターン

　ゲートウェイルーティングパターン（**図9-7**）は、単一のエンドポイントを使用してリクエストを対象のマイクロサービスにルーティングします。これにより、クライアントはマイクロサービス個別のエンドポイントにそれぞれ接続する必要がありません。また、先述したAPIのバージョン管理やストラングラーフィグパターンの実装にも有用です。変化に強いアプリケーションを作るという文脈で、APIゲートウェイを使った3つのパターンの中で最も直接的に寄与するパターンと言えます。

参考文献　ゲートウェイルーティングパターン
https://learn.microsoft.com/ja-jp/azure/architecture/patterns/gateway-routing

✹ ゲートウェイ集約パターン

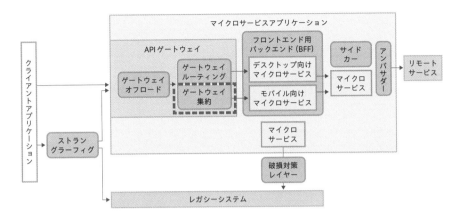

図9-8　ゲートウェイ集約パターン

　ゲートウェイ集約パターン（図9-8）は、複数の個々のマイクロサービスへのリクエストを1つに集約し、クライアントとサービスの間のトラフィックを削減します。ゲートウェイは、複数のバックエンドサービスにリクエストを送信、集約してクライアントに応答します。

　なお、このパターンでは、ゲートウェイにビジネスルール、ロジックなどのドメインナレッジを載せないようにしてください。載せてしまうと、アプリケーションがゲートウェイに強く依存してしまう恐れがあります。

参考文献 ゲートウェイ集約パターン
https://learn.microsoft.com/ja-jp/azure/architecture/patterns/gateway-aggregation

第9章 進化を見込んで設計する

✸ フロントエンド用バックエンドパターン

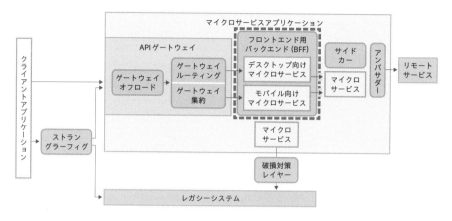

図9-9　フロントエンド用バックエンドパターン

　APIゲートウェイに関するパターンの次は、**フロントエンド用バックエンド**（Backends for Frontends：**BFF**）パターン（**図9-9**）です。デスクトップやモバイルなど、クライアントの種類に応じたバックエンドサービスを作成します。たとえば、デスクトップとモバイルでは、画面サイズ、利用できる機能やリソース、パフォーマンスなど、さまざまな違いがあります。クライアントの種類別にバックエンドを分離することで、固有の問題解決に集中し、最適化します。また、それぞれの変化への対応を、ほかへの影響なく実施できるのも利点です。

参考文献　フロントエンド用バックエンドのパターン
https://learn.microsoft.com/ja-jp/azure/architecture/patterns/backends-for-frontends

✿アンバサダーパターン

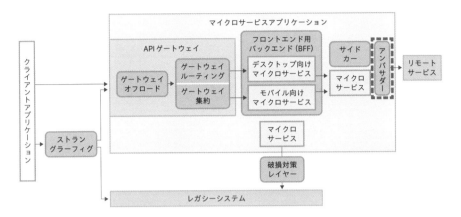

図9-10 アンバサダーパターン

　アンバサダーパターン（**図9-10**）は、それぞれのマイクロサービスが必要とする監視、ロギング、ルーティング、セキュリティ（TLSなど）といった機能をオフロードするのに役立ちます。サービスを構成するプログラムをビジネスロジックに集中させたい、または機能の組み込みが難しい、という場合に有用です。つまり、変更が難しい要素の代理となり、変化を吸収するパターンでもあります。

　なお、アンバサダーパターンは、先述のゲートウェイオフロードパターンと、オフロードという共通の目的がありますが、対象とするリクエストが異なります。ゲートウェイオフロードパターンは、クライアントから受信するリクエストを対象とします。一方、アンバサダーパターンの対象は、サービスから外部サービスへのリクエストです。

参考文献　アンバサダーパターン
https://learn.microsoft.com/ja-jp/azure/architecture/patterns/ambassador

✿ サイドカーパターン

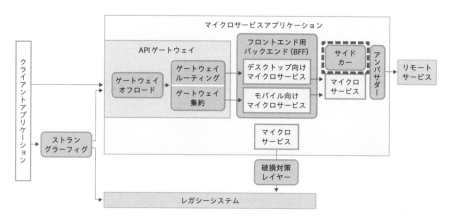

図9-11　サイドカーパターン

　アンバサダーパターンは多くの場合、**サイドカー**パターン（**図9-11**）を使って
実装されます。代表例は、KubernetesのPodです。サービスとアンバサダーの
コンテナを同じPodに配置し、共有リソースを通じてシンプルにやりとりをしま
す。たとえば、ホスト名localhostでのサイドカー呼び出しです。隣に補助機能
を付けることがオートバイのサイドカーに似ているため、このように名付けられて
います。

参考文献　サイドカーパターン
https://learn.microsoft.com/ja-jp/azure/architecture/patterns/sidecar

　サイドカーパターンの実装例として、分散アプリケーション向けランタイムの
Dapr（Distributed application runtime）があります。**図9-12**は、Dapr
サイドカーを使ってサービス呼び出しを行い、モニタリングも行う例です。

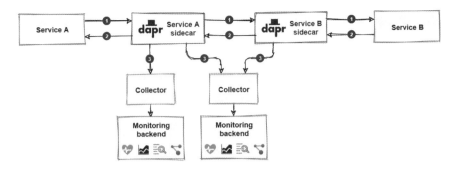

図9-12　Daprを使ったサービス呼び出しとモニタリング

出典　Daprの監視構成ブロック - しくみ
https://learn.microsoft.com/ja-jp/dotnet/architecture/dapr-for-net-developers/observability#how-it-works

❶ サービスAが、サービスBを呼び出します。この呼び出しは、サービスAの Daprサイドカーから、サービスBのサイドカーにルーティングされ、サービスBのサイドカーがサービスBを呼び出します

❷ サービスBで呼び出された処理が完了すると、レスポンスがDaprサイドカー経由でサービスAに返されます。サイドカーは、トラフィックをインターセプトし、トレース、メトリクス、ログなどテレメトリデータを生成します

❸ コレクターによってテレメトリデータが取り込まれ、モニタリングバックエンド（Azure Monitor、Zipkin、Prometheus、New Relicなど）に送信、またはスクレイピングされます

　この仕組みにより、サービスは呼び出し先のサービスのエンドポイントを知る必要がなくなります。Daprサイドカーを、サービス名を指定して呼び出せば済むからです。そして、サービスに手を加えずに、トラフィックモニタリングも実現できます。

第9章 進化を見込んで設計する

破損対策レイヤーパターン

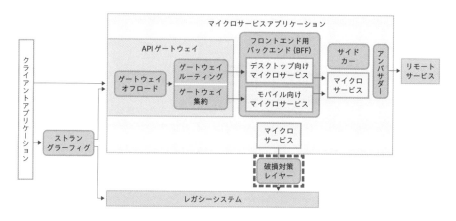

図9-13　破損対策レイヤーパターン

　そして最後は、**破損対策レイヤー**パターン（**図9-13**）です。アプリケーションとその外部サービスとの間に機能や技術的なギャップがある場合、その差を吸収する目的で使用します。変更が難しい外部サービスの代理となり、変化を吸収するパターンです。レガシーシステムや、仕様をコントロールできない外部システムとやりとりするケースで使われます。呼び出しの方向、変換内容によりますが、これまで紹介したストラングラーフィグ、APIゲートウェイ、アンバサダーなどのパターンと実装は似ています。

参考文献　破損対策レイヤーパターン
https://learn.microsoft.com/ja-jp/azure/architecture/patterns/anti-corruption-layer

変化を計測、追跡する

　アプリケーションに加えた変化は、想定外の影響をもたらすことがあります。たとえば、非同期メッセージングの導入やサービスの分割によって、新たなボトルネックが生まれたり、ボトルネックが移動したりします。

　また、サービスと合わせてチームも分割すると、ほかのチームが行っていることや全体が見えにくくなります。アプリケーション利用者からの「以前より遅くなっ

た」という問い合わせへの対応を考えてみましょう。まず応答時間を調査し、事実であればアプリケーションの変更の有無、変更内容を確認するでしょう。アプリケーションが複数のサービスに分割され、チームも分かれると、この調査が難しくなりがちです。

　よって、変化に起因する問題やその予兆を検知する、または解決を支援するため、計測や追跡の仕組みを検討しましょう。**第6章 運用を考慮する** `p.129` が参考になるはずです。中でも**Memo オブザーバビリティ（可観測性）** `p.149` で触れた「未知の未知（unknown-unknowns）」の扱いは、変化の影響が事前にわからない状況で、価値ある論点でしょう。また、アプリケーションに加えた変化をサービス、チームを超えて把握できるようにするため、ソースコードリポジトリの共有や閲覧許可も有意義なテーマです。

参考文献 モノリポとマルチリポの比較
https://learn.microsoft.com/ja-jp/training/modules/structure-your-git-repo/2-explore-monorepo-versus-multiple-repos

　なお、計測し検知した変化は、その量も意識してください。その変化でサービス上限など、何らかの限界に近づいた恐れがあるからです。**第5章 分割して上限を回避する** `p.113` も参考に、常に上限や制約を意識しましょう。

9-3 まとめ

　本章のオリジナルのタイトルは「Design for evolution」です。「evolution」は進化と訳せますので、タイトルも「進化を見込んで設計する」としました。しかし、本文では進化という言葉は控え、主に「変化」を使っています。進化という表現がやや大げさで、内容が頭に入ってこなくなることを危惧したからです。

　しかし、ビジネスや社会など外部環境が激しい昨今、それに対応、変化し続けることは、しなやかな進化と呼べるのではないでしょうか。胸を張って「進化を見込んで設計しよう」と、声を上げていきましょう。

🖉 Memo　技術選定の自信を失わないために

　現代の技術者は、SNSやソーシャルメディアなど、多様な意見に触れられる場を得ました。一方、ネガティブな言葉に心を乱されることもあります。たとえば、特定の技術を否定する声などです。特に本章で取り上げたマイクロサービスは、「小さな組織には必要ない」「モジュラーモノリスのほうがいい」などと、よく否定される技術の1つです。受け手の事情に配慮のない意見を重く受けとめないほうがよいですが、採用した技術を否定されたら心穏やかではありません。

　技術選定の自信を失わないためには、言語化、文書化が効果的です。どのような理由で決めたのか、後から見直して心を落ち着かせましょう。本書で何度か紹介したADRは、有効な手段の1つです。

　しかし、いつも文書を確認できるわけではありません。たとえば、新メンバーの参加時など、口頭でカジュアルに「どうしてこの技術を選定したのですか？」と尋ねられることがあるでしょう。そこですぐに、クリアに答えられないと、相手はもちろん自分も不安になってしまいます。「詳細はADRを見ておいてね」でいいのですが、まずその場で簡潔に答えられる言葉を準備しておきたいものです。

　そこで筆者は重要な決定の際に「〜で困っていたから」と、文書に残したものとは別の表現も考えます。「困っている」とは、解決すべき課題がある状態を指します。文書では「解決すべき課題」と丁寧に書きますが、思考過程や口頭では「困っていたから」と表現したほうが、より記憶しやすく、伝わる気がするからです。また、「困っている」と表現すると、他人事ではなく自分事としてとらえやすいです。そして、スッと表現できない場合は「特に困っていないのかもしれない」と、決定内容を見直すこともあります。

　もちろん、解決すべき課題だけが選定、決定の理由ではありません。他の解決手段ではなく、それを選んだ理由なども重要です。しかし、それは会話や思考の中で追って補足すればいいでしょう。

　ところでADRを見直した結果、「間違った決定だったかもしれない」と感じることがあるかもしれません。しかし、決定はさまざまな制約の中で行われます。その後に環境は変化し、チームは成長します。議論し合意に至ったのであれば、過去の決定を恥じる必要はありません。学び、知見を得たとポジティブにとらえ、進化の機会をうかがいましょう。ADRを消さずに残しておくのは、学びの過程を残すということでもあります。

第10章

ビジネスニーズを
忘れない

Build for business needs

オリジナルのタイトルは「Build for business needs」です。そのまま訳すと「ビジネスニーズのために構築する」でしょうか。当たり前のことを書くな、とお叱りを受けそうです。

しかし、組織の成長につれて役割分担が明確になり、ビジネスニーズや顧客から遠ざかった、と感じたことはないでしょうか。また、長くアプリケーションを運用するうちに、定義されていない暗黙の了解が増えていった、という経験はありませんか。

このような背景から、本章のタイトルは「ビジネスニーズを忘れない」としました。**「ビジネスニーズに合わせて構築する」は当然のこととして、それを忘れないよう常に意識する、そのための工夫をする**、という思いを込めています。

ビジネスニーズは
技術の現場から遠ざかりやすい

アプリケーションを作り、運用する間には、さまざまな意思決定が行われます。そして、はじめからすべてが見えているわけではありません。環境内外の変化によって、思いもよらないタイミングで判断を迫られることもあります。

その意思決定のよりどころになるのが、**ビジネスニーズ**です。言語化、数値化された具体的なニーズが合意、共有されていれば、意思決定の支えになります。ですが、「言うは易く、行うは難し」です。次に挙げるように、具体化や合意、共有を阻害する要因は多様です。

- 組織の成長と専門化
- 慣習や慣れ
- 暗黙の了解や暗黙知

そして、意識しなくなり、忘れてしまいます。つまり、アプリケーション開発と運用の現場から、ビジネスニーズは遠ざかりやすいのです。

そこで以降では、ビジネスニーズと目標の合意、文書化についての推奨事項を紹介します。加えて、普遍的なビジネスニーズであるコスト最適化について掘り下げます。

推奨事項

✿ 企業、組織のニーズや戦略を確認し、文書化する

筆者は本書を、**アプリケーションを作り、運用する技術者の目線**で書きました。よって、全社、組織的な目線では書いていません。しかし当然ながら、全社、組織的なニーズや戦略は無視できません。むしろ、アプリケーションを作り運用する立場からも、意思決定における合理性の根拠として、積極的に活用すべきです。アプリケーションをクラウドで作る際には、まず全社、組織的なビジネスニーズや戦略を確認し、文書化しておきましょう。

✿ 企業がクラウドを使う理由や動機を確認する

まず確認すべきは、企業や組織がクラウドを選択した理由、動機です。もちろん、アプリケーションを作る側がクラウドを望んだ、というケースもあります。その場合は、企業や組織が**認めた**理由です。

表10-1に挙げるのは、そのきっかけとなるビジネスイベントの例です。

表10-1　クラウド選択の動機となるビジネスイベント

ビジネスイベント	補足
データセンターの閉鎖	—
企業合併、買収、売却	—
資本的支出（CAPEX）の削減	—
利用技術、製品のサポート終了	—
規制やコンプライアンスへの準拠	—
新たなデータ主権要件への対応	GDPR対応など
成長への対応	規模拡大、革新的サービスの提供など
環境、持続可能な社会への貢献	CO_2排出量削減など

参考文献　クラウドに移行する理由
https://learn.microsoft.com/ja-jp/azure/cloud-adoption-framework/strategy/motivations

　クラウドを使うと決定、合意した背景にある動機は、アプリケーションに関する意思決定にも影響します。「偉い人が決めたからわからない」などと言わず確認し、文書化しておきましょう。

★期待するビジネスの成果を確認する

　動機の次に確認すべきは、企業や組織が期待するビジネスの成果です。ビジネスには多様な利害関係者が関わるため、**表10-2**に挙げるように、複数のカテゴリで文書化しておくとよいでしょう。

表10-2　クラウド採用で期待する成果のカテゴリ

期待する成果のカテゴリ	具体例
財務	収益増、コスト減、資本的支出減
機敏性	製品やサービスの市場投入時間
到達性	ビジネスのグローバル展開
顧客エンゲージメント	最終顧客のリードタイム短縮、タスク削減
パフォーマンスと信頼性	レスポンスやジョブの時間短縮、可用性向上
持続可能性	CO_2排出量削減など

参考文献　変革の取り組みに関連するビジネス成果
https://learn.microsoft.com/ja-jp/azure/cloud-adoption-framework/strategy/business-outcomes/

❋ 具体的、現実的な目標を設定、文書化する

❋ 目標を数値化する

合意され、具体的に文書化されたビジネスニーズは強力です。特に**数値化された目標**は、多様な利害関係者がいても解釈の揺れがなく、よりどころとなります。

アプリケーションに関する数値目標には、次のようなものがあります。前の推奨事項で述べたビジネスの成果の中で、特にパフォーマンスと信頼性のカテゴリに属する目標は、数値で定義すべきです。

- 可用性目標
  - 応答成功率
- 回復目標
  - 目標復旧時間（RTO：Recovery Time Objective）
  - 目標復旧時点（RPO：Recovery Point Objective）
- パフォーマンス目標
  - 応答時間
  - ジョブ実行時間

これらの目標は、アプリケーションのアーキテクチャや技術選定に大きく影響します。そして、財務的な成果、つまりコストにも影響します。**第1章 すべての要素を冗長化する** p.001 で紹介したように、冗長化の要否を判断する根拠は、数値化された目標です。要否だけでなく、選択できる手段、妥当な手段も変わります。たとえば、月間で99.99%以上の応答成功率を実現するために必要な構成が、コスト目標と両立しないというケースがあります。そのようなケースでは、どちらを優先するかを議論、合意しなければなりません。

しかし残念ながら、筆者の経験では、多くのアプリケーションは目標を数値化していません。それ以前に、目標を議論、合意していません。その結果、次のような暗黙、あいまい、不可能な目標に、あとあと苦しめられるのです。

- 「応答成功率は100%に決まっている」（議論すらしない）
- 「なるはやで復旧」

●「朝までに終わればよい」

　アプリケーションの開発と運用に必要な予算、投資を確保するためにも、目標を数値化しましょう。

　なお、**第1章　すべての要素を冗長化する** p.023 で述べたとおり、これらの目標は**SLO**、計測指標は**SLI**とも呼ばれます。アプリケーションを提供する立場では、アプリケーションをサービスと読み替えてもよいでしょう。つまり、アプリケーションの提供レベル目標がSLOです。たとえば、SLIを「応答成功率」とし、SLOを「月間で99.99%以上が成功」とする、などです。

> **✎ Memo　平均ではなくパーセンタイルが向く指標**
>
> 　**パーセンタイル値**とは、評価対象のデータを小さい順に並べたとき、その値以下になる値の割合です。たとえば、95パーセンタイルの応答時間とは、95%のリクエストがその値以下で応答されたことを意味します。「応答時間の95パーセンタイル値は1000ミリ秒（1秒）」のように使います。
>
> 　応答時間は、パーセンタイルが向く代表的な指標です。なぜなら、平均では外れ値の影響が大きいからです。たとえば、以下の2つのケースは、応答時間の平均値はどちらも1000ミリ秒です。
>
> ●すべての応答時間が1000ミリ秒
> ●95%の応答時間は100ミリ秒、残り5%は18100ミリ秒（約18秒）
>
> 　応答時間は、平均すると異常な値を見逃してしまいます。また逆に、**大多数の利用者の体験**を把握できないこともあります。
>
> 　一部のヘビーユーザーの操作、メンテナンスや再構成での瞬間的な性能劣化など、外れ値は生まれるものです。もちろん、外れ値は把握し、必要に応じて対処すべきです。しかし、応答時間のように、平均すると外れ値の影響が大きい指標は、パーセンタイルでの評価を検討しましょう。

❀ 利用者目線で指標を選ぶ

では、どのような指標を選べばよいのでしょうか。筆者のお勧めは、**利用者目線で測定できる指標**です。たとえば、これまで何度か例として挙げた、**応答成功率**がそれにあたります。

ビジネスニーズは、利用者とその満足度に左右されます。そして、利用者はクラウドの中で何が起こっているかを気にしません。たとえCPU使用率が100%に達しても、仮想マシンの数台がダウンしても、リクエストに対して期待する応答が快適に返ってくればよいのです。よって、応答成功率はわかりやすい指標です。加えて応答時間も測定すると、利用者目線での快適さも評価できます。

もちろん、リソースの使用率や死活状態も、アプリケーションを構成する要素の状態を把握し、洞察を得る重要な指標です。しかし、ビジネスとして合意し、目標に掲げる指標は、わかりやすいものに絞ったほうがよいでしょう。非機能要件のチェックリストを広げて「合意しましょう」と迫っても、混乱するだけです。

そして、当然ですが、指標は測定可能なものを選択してください。**第6章 運用を考慮する ＞ 利用者目線での監視を行う** p.144 で紹介した手法、ツールが参考になるはずです。

❀ 成長を加味して計画する

アプリケーションは、ビジネスの成長に伴い、変化を求められることがあります。そして、成長に伴う変化には量的なものだけでなく、質的なものもあります。

量的な変化に対しては、スケールアウトなどリソースの追加で解決できる場合があります。**第4章 スケールアウトできるようにする** p.091 が参考になるはずです。また、見込んでいる成長の増分で上限に達しないかも確認すべきです。上限を意識した設計は、**第5章 分割して上限を回避する** p.113 で紹介しました。

しかし、中にはアーキテクチャから見直すべきケースもあるでしょう。「リクエスト数が想定の10倍を超えたら、アーキテクチャを変えたほうがよい」という経験則を耳にしたことがありますが、筆者の経験からも共感します。なお、アーキテクチャから見直すという判断をするには、当初の見込みを上回り成長したから、と

いう客観的な根拠が必要でしょう。そのためにも、成長見込みは数値で合意しておくことをお勧めします。

　また、ビジネスモデルやビジネスニーズなど、時間の経過とともに質的な変化も起こります。アプリケーションの作りが柔軟性に乏しいと、新たなユースケースやシナリオに合わせた改良がしにくくなります。

　質的な変化は事前に予測しにくいですが、起きる可能性の高い変化は議論、合意し、対応できるアプリケーションを作りましょう。**第9章 進化を見込んで設計する** p.197 を参考にしてください。なお、議論と合意には完璧を求めず、時間もかけすぎないほうがよいでしょう。ただし、対応にかかるコストを正当化するためには、重要なプロセスです。

✎ Memo　「実際どうよ」と語れる仲間作り

　クラウド技術だけでなく、ビジネスや社会環境も大きく変化する現在、技術者もビジネス寄りの決定を求められる機会が増えています。その都度「この決定は妥当か」「この目標は過剰ではないか」「認識や解釈は間違っていないか」などの懸念が、頭をよぎるのではないでしょうか。

　そのときに欲しいのは一般的な情報よりも、似た境遇にある人の経験や意見でしょう。同じ業界や業種、業態、似た規模や企業ステージにある企業で挑戦している人の声です。しかし、簡単には見つからないでしょう。コミュニティでの発表やブログで技術情報をオープンにする企業は増えましたが、ビジネス寄りの話は、開かれた場では語りにくいものです。

　そこでお勧めなのが、「実際どうよ」と閉じた場で語れる仲間を見つけることです。共通点が多いが利益相反せず、かつ緊張感を持って情報交換できる相手は、案外います。筆者も仲介したことがありますが、誰かに紹介してもらうだけでなく、コミュニティに参加して探すのもよいでしょう。似たような挑戦をしている企業や人は、コミュニティの場で自然とつながる印象があります。

✿ コストを最適化する

　最もわかりやすく、あらゆる企業、組織が持つビジネスニーズは、**コストダウン**
です。コストが下がって問題になることは、まずありません。逆に、どれだけ優れ
たアイデアや手段でも、コストが高ければ採用されません。仮に採用されたとして
も、いずれほかの手段で置き換えられます。

　従来のオンプレミスアプリケーションとクラウドを比較し、財務的に影響が大き
いのは、設備投資（CAPEX）と費用（OPEX）の違いです。クラウドでは設備の
初期費用、固定費用を削減できる反面、リソースを使った分だけ発生する費用をい
かにコントロールするかが、成功の鍵になります。

✿ コスト最適化の基本戦略

　従量課金のクラウドで費用を最適化する基本戦略は、「使っていないリソースは
停止する、もしくは消す」です。毎日、夜間8時間は仮想マシンを停止すれば、
費用の3分の1を削減できます。「使用率に合わせて適したサイズへと変更する」
も有効です。仮想マシンの価格が搭載CPU数に比例するのなら、CPU使用率が
10%を超えない仮想マシンを維持するのは不経済です。半減を超えるコスト削減
の可能性があります。

　「当たり前のことを」と思われたかもしれません。しかし筆者の経験では、当た
り前と言えるほどは実行されていません。実行されない原因は、いくつかあります。

- 利用状況や使用率を測定していない（遊休リソースの存在に気づいていない）
- リソースのサイズを変更して、期待通りに再開できるか不安
- リソースを停止して、期待通りに再開できるか不安
- リソースを削除して、必要なときに再作成や再現できるか不安、作業コストも
  不安

　つまり、監視や利用状況の分析、テスト、作業の自動化といった、本書で解説し
た推奨事項ができていないのです。裏を返せば、それらができていれば、コストを
削減できる可能性は高いと言えます。

✦コスト削減に寄与するアプリケーションの作り方、アイデア

　また、**表10-3**に挙げるような、コスト削減に寄与するアプリケーションの作り方、アイデアもあります。

表10-3　コストを削減する設計のアイデア

アイデア	具体例
適切なストレージ層を選択する	ホット、クール、アーカイブ層を使い分ける
適切なデータストアを選択する	1つのデータストアに押しつけてオーバースペックにしない
データ転送を最適化する	課金対象であるリージョンやAZ間の通信を必要なものに絞る
リクエストや負荷を減らす	CDNやキャッシュを活用する
マルチテナントサービスを選択する	より小さなリソース、課金単位で使えるサービスを選ぶ

参考文献　チェックリスト - コストの最適化
https://learn.microsoft.com/ja-jp/azure/architecture/framework/cost/optimize-checklist

✦クラウド特有のコスト最適化手段

　クラウド特有のコスト最適化手段もあります。代表的なものは、**予約制度とスポット仮想マシン**です。

　たとえばAzureでは、さまざまな**予約制度**が提供されています。仮に、処理量が常時安定しているアプリケーションで、特定サイズの仮想マシンを1年使うことが決まったとしましょう。その場合は、リージョン、仮想マシンのサイズ、期間と数などを指定して**予約仮想マシン（リザーブドインスタンス）**を購入することで、利用料が大幅に割り引かれます。支払いは一括だけでなく、月払いも可能です。また、条件はありますが、指定サイズの変更やキャンセルもできます。そして予約できる対象は、仮想マシンに限りません。

参考文献　Azureの予約とは
https://learn.microsoft.com/ja-jp/azure/cost-management-billing/reservations/save-compute-costs-reservations

　予約によって料金が割り引かれる背景に、クラウドサービスのキャパシティ計画の難しさがあります。どれだけのユーザーがどれだけのリソースを使うのか、また、どのタイミングで削除するのか、機械学習を駆使しても予測は容易でないからです。**第4章 スケールアウトできるようにする** p.097 で紹介したように、Azure

では、90%以上の仮想マシンは作成されてから24時間以内に削除されるという
データもあります。そこで、予約という形で利用意志を把握し、キャパシティ計画
に活用しています。もちろんプロバイダの財務的な利点もありますが、キャパシ
ティ計画への協力に対する割り引きとも言えます。

　スポット仮想マシンも、クラウドらしいコスト最適化手段です。仮想マシンサー
ビスの使用率に余裕がある状況、ひいてはクラウドプロバイダの立場で見ると「売
り物を遊ばせている」状況で、仮想マシンを格安で提供するサービスです。価格は
需要に応じて変動します。

> **参考文献** Azure Spot Virtual Machinesを使用する
> https://learn.microsoft.com/ja-jp/azure/virtual-machines/spot-vms

　その代わり、使用率の上昇で余裕がなくなった場合には、スポット仮想マシンは
強制的に無効化されます。この無効化は「eviction」（立ち退き）と呼ばれ、仮想
マシンを削除するか、割り当て解除するかを選択できます。割り当て解除を選択す
ると仮想マシンのディスクは保存され、再デプロイが可能です。ちなみに、まった
く猶予なく無効化されるわけではなく、30秒前に通知を受け取れます。

　常に動いている必要がなく、仮想マシンの急な無効化に耐えうるアプリケーショ
ンであれば、スポット仮想マシンの活用でコストを大幅に削減できます。たとえ
ば、自動テストやビルド、非定期なバッチ処理などが挙げられます。ちなみに、す
べてをスポット仮想マシンにせず、最低限の非スポット仮想マシンも構成して組み
合わせる方法もあります。この方法で、スポット仮想マシンが使える時間帯では処
理時間の短縮が期待でき、かつ、すべての仮想マシンが無効化されるリスクを回避
できます。

　このようなクラウドサービスの割り引き制度から、クラウドが**市場**に見えてきま
せんか。市場のダイナミックな動きに追随するもよし、長期固定による安定をとる
もよし、です。

　また、クラウド固有ではありませんが、クラウドと組み合わせることでコスト削
減に寄与する技術もあります。たとえば、**第6章 運用を考慮する** p.156 で紹介し
た、Infrastructure as Codeです。Infrastructure as Codeによって容易
に環境を再現できるようになると、環境を削除しやすくなります。夜間や週末、連
休、プロジェクトの休止期間など、環境が使われない時間帯や期間があれば、ぜひ

第10章　ビジネスニーズを忘れない

　検討してください。クラウドの従量課金という特徴を活かしたコスト削減を助ける技術と言えるでしょう。

　ところで、従来、設備や物品のコスト削減の主役は、アプリケーションを作り運用する技術者ではありませんでした。購入物品を決めてきたのは、主に製品選定をする人と、サイジングをする人です。アプリケーションを作り始めるときには、すでに決まっていた、というケースも多かったでしょう。そして、決まった物品を安く買うのは調達部門の仕事です。しかし、一度決めた物品を使い続ける必要がないクラウドでは、違います。アプリケーションを作る人、運用する人が、コスト削減の鍵を握っています。

✴コスト最適化の原則

　これまで紹介した内容と重複しますが、MicrosoftのAzure Well-Architected Frameworkから、コスト最適化の設計原則を抜粋します。

- ●適切なリソースを選択する
- ●予算を設定し、超過しないよう調整する
- ●リソースの動的な割り当てと割り当て解除を行う
- ●ワークロードをスケールに合わせて最適化する
- ●コストを継続的に監視し、最適化する

参考文献　コスト最適化の設計原則
https://learn.microsoft.com/ja-jp/azure/architecture/framework/cost/principles

　この原則を実践できるのは、アプリケーションを作る人と、運用する人です。

　コスト削減の成否を分けるのは、事業のオーナー部門、財務や調達といったスタッフ部門、全社横断でITやクラウドの活用を支援する部門、そしてアプリケーションを作り、運用するチームの協力です。しかし「主体的、直接的に貢献できない」立場では、協力は口先、うわべだけになりがちです。その点クラウドでは、アプリケーションを作り、運用する人が、主体的にコストの最適化に貢献できます。ひいては、ビジネスに貢献できます。

　いきなり革命を起こす必要はありません。Azure Advisorなど、すぐに使えるコスト最適化ツールもあります。まずは、始めてみませんか。

参考文献 Azure Advisor の概要
https://learn.microsoft.com/ja-jp/azure/advisor/advisor-overview

まとめ

　筆者はクラウドの活用を支援する立場で、多くのアプリケーション開発、運用チームを支援してきました。そして、クラウドを活用できていると感じるチームはたいてい、ビジネスニーズを具体的に定義し、主体的に行動していることに気づきました。目標を数値化し、主体的に自動化し、コストの最適化にも取り組んでいます。

　アプリケーションを作り、運用するための枠組みは多様です。長い歴史の中で確立したものもあるでしょう。簡単には変えられません。しかし、もしビジネスニーズや最終顧客との距離を感じたら、そして原因がその枠組みのせいであったら、クラウドへの挑戦をきっかけに、変えていきませんか。

付録 A
守りは左から固める

昨今、**ゼロトラスト**（セキュリティモデル）という言葉を、よく耳にします。ファイアウォールの内側だから安全と考えるのではなく、侵入されることを想定し、アプリケーションやサービスは「けっして信頼せず、常に確認する」という考えのセキュリティモデルです。アプリケーション開発者の仕事が増えそう、そんな予感がします。

ゼロトラストセキュリティモデルに限らず、セキュリティを専門チームやネットワーク技術者にお任せできた時代は、終わりつつあります。現に、「アプリケーションの開発時に考慮しなかった」、また「運用中のアプリケーションに手を入れられない」などの理由で、脅威や脆弱性に対応できず困っているケースを筆者はよく目にします。

そこで本章では、クラウド向けのアプリケーションを開発、維持するにあたり、セキュリティの視点で心にとめておきたいコンセプトである**シフトレフト**について述べます。もちろん、セキュリティは網羅的に考える必要がある領域ですので、これを意識しておけば十分、というわけではありません。しかし、強く意識したいコンセプトです。

 ## A-1　シフトレフトとは

シフトレフトは文字通り、左側に移しましょう、という考えです。近年、主にセキュリティや品質向上の文脈で使われています。

　では左側とは、何の左側なのでしょうか。それは設計やコーディングなど、アプリケーション開発のライフサイクルの早い段階を指します。**図A-1**に、アプリケーション開発のライフサイクルを大まかに示します。企画、設計からテストまでを何度か繰り返すやり方もありますが、ここではシンプルに表現します。

図A-1　アプリケーションの開発フェーズ

　従来のファイアウォールを中心としたネットワークレイヤーでの防御は、後付けが可能なこともありました。なぜなら、アプリケーションの開発と分けて段取り、実装しやすかったからです。つまり、ライフサイクルの右側でも対応できたのです。しかし最近では、アプリケーションに手を入れなければ対応が難しいことも増えています。たとえば、認証と認可の組み込み、TLS化などです。これらはアプリケーションへの後付けが容易ではありません。よって、アプリケーション開発者が主体的に、ライフサイクルの早い段階から関与すべきです。

◈ 何度も左に戻す

　そして、このような機会は一度限りではありません。昨今のアプリケーション開発、維持の現場では、次のようなイベントやインシデントは日常的に起こります。

- 利用しているOSやパッケージ、ライブラリに脆弱性が見つかる
- アプリケーションフレームワークやコンテナなど進化の著しい分野で、使い方や推奨事項が変化する
- 勢いを失った製品やOSSの更新が止まり、セキュリティ対策が行われなくなる
- データストアのアクセスキーが流出した疑いで、キーを再作成し、アプリケーションを再設定する

　未来にどのような脅威や脆弱性、インシデントが生まれるかを予想するのは困難です。初期の設計やコーディングでは、その時点でわかっている脅威や脆弱性に可能な限り手を打ち、未来については**図A-2**のように「サイクルを再度回す」、つまり「左に戻して対応する」のが現実的です。

図A-2　ライフサイクルの再回転

　裏を返せば、対処すべきことがあるにもかかわらず、後からアプリケーションに手を入れられないのであれば、サイクルを再度回しにくい何らかの理由があるのでしょう。

　再回転を阻む原因は多くあります。技術的なことだけではありません。体制維持の可否や委託契約、予算なども影響します。したがって、万能な解決策はありません。ただ、「再度回す可能性が高い」と認識できていれば、仕組み作りや予算化など、前もって何かしらの手立ては講じられるはずです。

　よって、ライフサイクルの左端にある企画段階で、将来の再回転について利害関係者と議論、合意しておくことが重要です。それはビジネス主幹やプロダクトオーナーの仕事である、と距離を置かず、アプリケーション開発者、運用者として動きやすいよう合意しておきましょう。

❖ 圧倒されないために

　ところで、クラウドでセキュアなアプリケーションを作り維持するには、どのようなことを考慮すべきでしょうか。そこで、Microsoft Azure Well-Architected Frameworkの、セキュリティに関するドキュメントを紹介します。このドキュメントのカバー範囲はアプリケーションにとどまりませんが、全体を俯瞰するのに有用です。

参考文献　セキュリティのドキュメント
https://learn.microsoft.com/ja-jp/azure/architecture/framework/security/

次のリストは、そのドキュメントツリー、章立ての引用です。

- 概要
- 原則
- デザイン
  - ガバナンス
    - チェックリスト
    - コンプライアンスの要件
    - ランディングゾーン
    - セグメント化戦略
    - 管理グループ
    - 管理
  - ID およびアクセス管理
    - チェックリスト
    - ロールと責任
    - コントロールプレーン
    - 認証
    - 承認
    - ベストプラクティス
  - ネットワーク
    - チェックリスト
    - ネットワークのセグメント化
    - 接続
    - アプリケーションエンドポイント
    - データフロー
    - ベストプラクティス
  - データ保護
    - チェックリスト
    - 暗号化
    - キーおよびシークレットの管理
    - ベストプラクティス
  - アプリケーションとサービス
    - アプリケーションのセキュリティに関する考慮事項
    - アプリケーションの分類
    - 脅威の分析
    - PaaS デプロイのセキュリティ保護
    - 構成と依存関係
- ビルドとデプロイ
  - チェック リスト
  - ガバナンスに関する考慮事項
  - インフラのプロビジョニング
  - コードのデプロイ

- 監視・修復
  - チェックリスト
  - ツール
  - Azure リソース
  - ログとアラート
  - レビューと修復
  - コンプライアンスのレビュー
  - 検証とテスト
  - セキュリティ運用
- トレードオフ

　章立てからも、ライフサイクルの早い段階に考慮すべきことの多さを感じられるでしょう。

　しかし、その量に圧倒される感は否めません。PDFでダウンロードすると、本書執筆時点で234ページあります。はじめからすべてを理解、記憶するのは難しいでしょう。セキュリティの専門家の支援を受けながら、企画、設計時に集中的に読み込み、あとはライフサイクル中のイベントやチェックポイントで必要に応じて読み返す、理解を深めるという使い方が現実的です。

　そこで、可能な限りツールに仕事をさせて、開発者の時間や集中力を奪われないようにしましょう。アプリケーションの開発ライフサイクルの中で活用できる、多様な製品やOSS、クラウドサービスがあります。次のようなカテゴリがあります。

- アプリケーションコードの静的解析
- インフラストラクチャコード、設定ファイルの静的解析
- OSやパッケージ、コンテナイメージの脆弱性評価
- クラウドリソースの設定、状態評価

　言語や環境に合わせて多様なツールがあるため、具体例は挙げません。カテゴリを参考に探してみてください。

⬚ A-2　推奨事項

　すでにMicrosoft Azure Well-Architected Frameworkという網羅的なドキュメントを紹介しました。よって、以降では重複しないよう、趣の異なる推奨事項をお伝えします。すべて後付けが難しい、ライフサイクルの早い段階で検討すべきことです。

⬚ エンタープライズセキュリティの3R（Rotate、Repave、Repair）

　それは、VMwareが2017年にブログで発表した「**エンタープライズセキュリティの3R（Rotate、Repave、Repair）**」という原則です。

参考文献　The Three R's of Enterprise Security: Rotate, Repave, and Repair
https://tanzu.vmware.com/content/blog/the-three-r-s-of-enterprise-security-rotate-repave-and-repair?utm_source=pocket_saves

　この原則はキャッチーで記憶に残りやすいだけでなく、内容も刺激的で示唆に富みます。原則の背景には、次のような考えがあります。

- これまで企業は、変化が少ないとリスクも減ると信じてきた
- しかし、いまでは逆が正しい
- 変化を頻繁に加えることで、攻撃や侵入を難しくする

　しかし、刺激的なせいか、本書の執筆時点で広くは受け入れられていない印象です。にもかかわらず、ThoughtworksのTechnology Radarに取り上げられるなど、たびたび話題になっています。本質的な問いや提案が含まれているからだと、筆者は考えます。

参考文献　The three Rs of security
https://www.thoughtworks.com/radar/techniques/the-three-rs-of-security

　仮に、このアイデアを受け入れにくいとしても、なぜ難しいのかを考えることで、得るものがあるはずです。

　刺激が弱く、受け入れやすいと筆者が考えた順（Repair、Rotate、Repave）に説明します。

⊡ Repair（修理）

　最初のRは、**Repair**（修理）です。ソフトウェアの脆弱性が見つかったら、アップデートが利用可能になり次第、適用するという原則です。

　建前は「こんな原則は当たり前」だとしても、本当にできているでしょうか。たとえば、2021年に公表されたApache Log4jの脆弱性（CVE-2021-44228）を思い返してください。どのように、どれだけの時間で対処できたでしょうか。

　多くの企業では、次のような流れで対処したと想像します。

- セキュリティ担当から各プロジェクトへ、Log4jの利用状況を調査、対処するよう指示
- 各プロジェクトで調査
- 使用製品やサービスの提供者、開発と運用の委託先への確認
- アップデート工数とコストの見積もり
- アップデート作業

⊡ すぐにRepairできない理由

　筆者のまわりでは、数日で完了したプロジェクトもあれば、数週間から数か月かかったケースもあったようです。影響を与えた要素をいくつか挙げます。

- ソースコードのオーナーシップ
- アップデート作業のオーナーシップ
- テストの仕組み
- アップデート、デプロイの仕組み

　1つ目は、**ソースコードのオーナーシップ**です。アプリケーションのソースコードや設定ファイルを所有し、検索できるようにしていれば、迅速に影響を確認できます。そして、責任と主体性を持ってそれを実行しているかもポイントです。つま

り、オーナーシップの有無が、対処時間に影響します。

　たとえアプリケーションの開発を委託していても、主体性を持って管理していれば、オーナーシップはあります。一方、納品物としてソースコードを所有していたとしても、何をするのも委託先頼りであれば、オーナーシップはありません。オーナーシップがなければ、当然ながら判断と実行のスピードは落ちます。

　なお、使用する製品やサービスがソースコードを開示していないケースはあります。また、OSSなどとして開示されていても、自由にコントロールできない場合もあるでしょう。現実的には、アプリケーションを構成する、すべての要素のソースコードのオーナーシップを持つのは困難です。したがって、アプリケーションの構成要素を整理し、誰がオーナーシップを持つのかを把握していることが重要です。そして、自ら対処できるものにフォーカスし、そうでないものは可能な範囲でコントロールします。

　2つ目は、**アップデート作業のオーナーシップ**です。論点はソースコードのオーナーシップと同様で、誰が主体性を持って判断、実行しているかです。

　3つ目は、**テスト**です。脆弱性対応だとしても、アップデートによる影響は確認すべきです。自動化など、テストを迅速に行う仕組みの有無が対応時間に大きく影響します。これは**第6章 運用を考慮する ＞ テストを自動化する** `p.158` で述べたとおりです。

　最後は、**アップデート、デプロイ**の仕組みです。アプリケーション停止の可否、要否が論点です。たとえば、アプリケーションの停止は大型連休に限る、というルールがあったとします。そのようなルールのもとでは、無停止アップデートの仕組みを持たないことは、次の大型連休まで脆弱性を放置することを意味します。

◘ Repairの実践に必要なこと

できない理由がわかれば、それを解決すればよいですね。

- ソースコードのオーナーシップを持つ
- アップデート作業のオーナーシップを持つ
- テストを自動化する

●無停止アップデートの仕組みを持つ

さらっと書きましたが、「気軽に言わないでほしい」とお叱りを受けそうです。組織の文化や積み上げてきたものによっては、簡単には解決できない課題もあると想像します。しかし、このテーマをきっかけに、前向きな議論をお勧めします。

無停止アップデート戦略

無停止アップデートについて補足します。アプリケーションの停止を伴わないアップデートやリスクの緩和には、いくつかの戦略があります。

参考文献　リリースエンジニアリング：デプロイ
https://learn.microsoft.com/ja-jp/azure/architecture/framework/devops/release-engineering-cd

代表的な戦略を挙げます。

●ブルーグリーンデプロイ
●カナリアリリース
●ローリングアップデート

ブルーグリーンデプロイ

本番で動いているアプリケーション（ブルー）とは別の環境（グリーン）に更新したアプリケーションをデプロイします。そして、デプロイと検証が完了したら、トラフィックの送り先をグリーンに変更します。様子を見て問題がなければ、ブルーは削除します。仮に問題が見つかれば、トラフィックの送り先をブルーに戻します。これが、**ブルーグリーンデプロイ**戦略です。

ブルーグリーンデプロイ戦略は、本番と並行し、その裏でデプロイと検証を行えるため、作業リスクを大きく緩和できます。さらに、切り替え後に問題が見つかっても、実績ある旧環境を残しておけば、すばやく回復できます。

ブルーグリーンデプロイを組み込んだクラウドサービスもあります。Azure App Serviceのデプロイスロットは、その例です。図A-3のように、ステージングスロットへデプロイ、検証し、問題がなければ本番スロットと入れ替え（スワップ）します。Azure App Service内部のトラフィック制御機能が、それを支え

ています。

参考文献 Azure App Serviceでステージング環境を設定する
https://learn.microsoft.com/ja-jp/azure/app-service/deploy-staging-slots

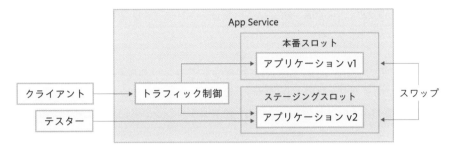

図A-3 App Serviceデプロイスロットによるブルーグリーンデプロイ

　なお、アプリケーションが動くサービス基盤をアップデートしたい、という場合もあるでしょう。その場合は、負荷分散サービスなどが持つトラフィック転送の仕組みを活用し、複数のサービス基盤でブルーグリーンデプロイを行います。複数のKubernetesクラスタでのブルーグリーンデプロイは、よく使われている戦略です（**図A-4**）。この戦略ではクラスタを作成する機会が増えるため、インフラストラクチャのコード化、アプリケーションデプロイの自動化も合わせてお勧めします。

参考文献 AKSクラスターのブルーグリーンデプロイ
https://learn.microsoft.com/ja-jp/azure/architecture/reference-architectures/containers/
blue-green-deployment-for-aks/blue-green-deployment-for-aks

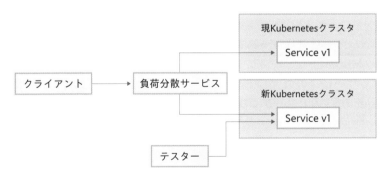

図A-4 Kubernetesクラスタのブルーグリーンデプロイ

⛶ カナリアリリース

カナリアリリースは、ブルーグリーンデプロイと似ています。ブルーグリーンデプロイでは、トラフィックをブルーかグリーン、どちらかに100%送ります。一方でカナリアリリースでは、新しいバージョンへトラフィックを少量送って、様子を見ます。

たとえば、Azure App Serviceが持つトラフィック制御機能を使うと、ステージングのデプロイスロットに対し、設定した割合のトラフィックを転送できます。図A-5のように、トラフィックの一部をステージングスロットに送れます。

参考文献　Azure App Serviceでステージング環境を設定する
https://learn.microsoft.com/ja-jp/azure/app-service/deploy-staging-slots#route-production-traffic-automatically

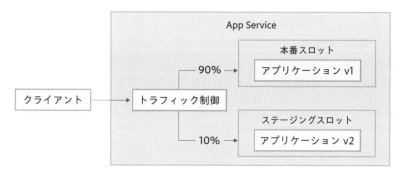

図A-5　App Serviceデプロイスロットによるカナリアリリース

負荷分散サービスやサービスメッシュなど、ネットワーク寄りの機能でコントロールし、カナリアリリースを実現することもあります。たとえば、Azure Traffic Managerは、一度にアップグレードするとリスクが高いAzureのグローバルサービスのカナリアリリースに活用されています。Azure Traffic Managerの重み付けルーティングで、徐々に新バージョンへの転送比率を増やせます。

参考文献　安全なデプロイプラクティスを発展させる
https://azure.microsoft.com/ja-jp/blog/advancing-safe-deployment-practices/

参考文献　Traffic Managerのルーティング方法
https://learn.microsoft.com/ja-jp/azure/traffic-manager/traffic-manager-routing-methods

ローリングアップデート

アプリケーションが複数のインスタンス（仮想マシンやコンテナ、プロセス）で実行されている場合、全体を一度に行わず、少しずつ更新する戦略もあります。これを**ローリングアップデート**と呼びます。たとえば、KubernetesにはDeploymentにローリングアップデート機能が備わっています。

Kubernetesでは、コンテナをPodと呼ぶ概念で配置します。そのPodを複数のレプリカでスケールアウト、冗長化し、さらにアップデートを容易にする仕組みがDeploymentです。

Deploymentのアップデートは、新しいPodの作成と古いPodの削除を並行して行います。Deploymentを構成するPodを一度にアップデートしたくない場合、同時に作成、削除を許すPodの割合や数をそれぞれmaxSurge、maxUnavailableで指定できます。デフォルトでは、一度に25%を超える数のPodを作成、削除しません。

参考文献 Deployment
https://kubernetes.io/ja/docs/concepts/workloads/controllers/deployment/

たとえば、レプリカ数2のDeploymentを作り、一度に50%までの作成と削除を許すとします。つまり、作成、削除を1つずつ行います。**図A-6**は、初期状態です。

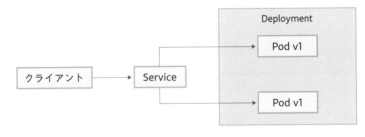

図A-6 Kubernetes Deploymentのローリングアップデート①初期状態

アップデートを開始すると、新バージョンの作成と旧バージョンの削除が1つずつ行われ、**図A-7**の状態になります。

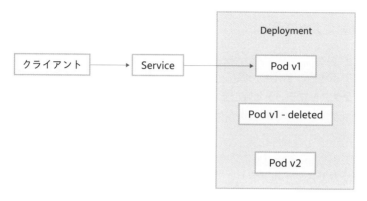

図A-7 Kubernetes Deploymentのローリングアップデート②アップデート開始後

すると、新バージョンへのトラフィック転送が始まり、**図A-8**の状態になります。

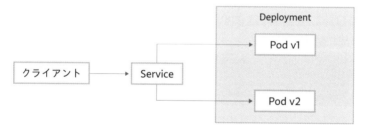

図A-8 Kubernetes Deploymentのローリングアップデート③トラフィック転送開始後

そして、残りのバージョンアップが始まり、**図A-9**の状態になります。

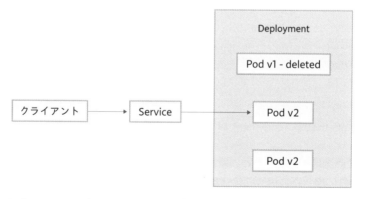

図A-9 Kubernetes Deploymentのローリングアップデート④残りのバージョンアップ開始後

ローリングアップデートの完了した状態が、**図A-10**です。

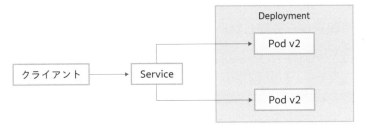

図A-10 Kubernetes Deploymentのローリングアップデート⑤完了状態

なお、ここで紹介した3つの戦略は、いずれも次のアイデアをベースにします。

- 新しいインスタンスを作り、トラフックを誘導する
- 旧インスタンスは削除する

したがって、次に挙げる考慮が必要です。

- 新インスタンスの準備が整ったかを確認する正常性エンドポイント
  - ➡ **第1章 すべての要素を冗長化する** > **正常性エンドポイントを実装する** `p.032`
- 期待通りに切り替わらないケースでの再試行
  - ➡ **第2章 自己復旧できるようにする** > **失敗した操作を再試行する** `p.044`
- セッションアフィニティやスティッキーセッションに依存しない
  - ➡ **第4章 スケールアウトできるようにする** >
    セッションアフィニティやスティッキーセッションに依存しない `p.100`
- インスタンスの安全な停止
  - ➡ **第4章 スケールアウトできるようにする** > **安全にスケールインする** `p106`

どれも本書で解説した推奨事項です。つまり、クラウドの特徴を考慮したアプリケーションは、Repairしやすいとも言えます。

⬜ Rotate（交換）

次のRは、**Rotate**です。認証のためにアプリケーションが資格情報を扱う場合、それをできる限り短時間で更新して入れ替え、仮に漏洩しても無効にするとい

う原則です。

☼ 資格情報を自ら管理しない

　典型的なクラウドアプリケーションは複数のサービスで構成されるため、その間の認証が重要です。その認証には、パスワードやアクセスキー、接続文字列などの資格情報が使われます。これらの資格情報が漏洩しないよう、アプリケーションでの取り扱いでは注意を要します。たとえば、Azure Key Vaultのような暗号化とアクセス制御、監査を支援するシークレットストアを使い、ローカルのファイルシステムに保存しないなどの工夫をします。

　しかし、そもそも管理しない、という手があります。AzureのマネージドIDが、その例です。Azureのリソースに対してIDを割り当て、さらにそのIDへ役割を割り当てることで、認証認可を実現します。

参考文献 Azureリソースのマネージド ID とは
https://learn.microsoft.com/ja-jp/azure/active-directory/managed-identities-azure-resources/overview

　たとえば、図**A-11**のように、仮想マシンにIDを割り当て、そのIDに特定のストレージ（Blob）をスコープとしたデータ閲覧者ロールを割り当てたとします。

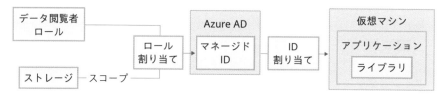

図**A-11**　マネージド ID の概念（割り当て）

　そして、アプリケーションに、マネージドIDを使った認証ロジックを組み込みます。マネージドID認証をサポートするライブラリがあるため、組み込みは難しくありません。

参考文献 資格情報を処理せずにアプリケーションからリソースに接続する
https://learn.microsoft.com/ja-jp/azure/active-directory/managed-identities-azure-resources/overview-for-developers?tabs=portal%2Cdotnet

　すると、その仮想マシン上のアプリケーションは、**図A-12**のようにIMDS（Instance Metadata Service）を経由してAzure ADからトークンを取得できます。このトークンを使えば、アクセスキーなどの資格情報なしに、ストレージ上のデータを閲覧できるのです。

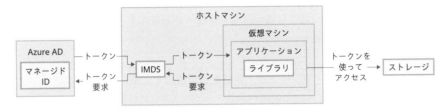

図A-12　マネージドIDの概念（アクセスの流れ）

　仮想マシンはAzureが管理するリソースであり、妥当なトークン要求かをAzureが検証できるため、可能な仕組みです。仮想マシンに限らず、Azure App Serviceやコンテナ系サービスなど、ユーザーがアプリケーションを配置する多くのサービスのリソースにIDを割り当てることができます。

⬚ クラウドサービスや環境を超えても管理しない

　クラウドサービスや環境を超えて同様の仕組みが使えることもあります。たとえば、GitHub ActionsからはAzureのリソースを、シークレットなしで操作できます。OpenID Connectを使ったフェデレーションで、GitHub Actionsのワークフローを信用するよう構成できるからです。

参考文献 GitHub Actions を使用してAzureに接続する
https://learn.microsoft.com/ja-jp/azure/developer/github/connect-from-azure?tabs=azure-portal%2Clinux#use-the-azure-login-action-with-openid-connect

　また、クラウドサービスの外にあるサーバから、資格情報なしでクラウドサービスの認証を可能にする仕組みもあります。たとえば、Azureのハイブリッドクラウド管理ソリューションであるAzure Arcの、Azure Arc対応サーバです。Azure Arc対応サーバのエージェントが導入された、Azure Arcの管理下にあるサーバを信用し、マネージドIDを割り当てます。この仕組みを使えば、オンプレミスやほかのクラウドサービスにあるサーバ上のアプリケーションから、Azureのリソースへ資格情報なしにアクセスできます。

付録A 守りは左から固める

参考文献 Azure Arc 対応サーバーでのAzureリソースに対して認証を行う
https://learn.microsoft.com/ja-jp/azure/azure-arc/servers/managed-identity-authentication

⯐ それでも資格情報を自ら管理するケース

では逆に、どのような場合に資格情報を管理する必要があるでしょうか。次のようなケースが挙げられます。

① 利用するクラウドサービスで、資格情報を扱わずに済む仕組みが提供されていない、もしくは一部未対応である
② 資格情報を扱わずに済む仕組みが提供されていても、アプリケーションが対応していない、できない
③ クラウドサービス固有の仕組みに依存したくない
④ フェデレーションや拡張機能を導入できない外部環境との連携が必要である（パートナーなど）

①と②のケースでは、クラウドサービス上にRotateを実現する仕組みを作り込む手があります。

たとえば、AzureストレージのマネージドID認証に対応できず、アカウントキーを必要とするアプリケーションがあったとします。そのようなアプリケーション向けに、Azure Functionsなどを活用し、自動でアカウントキーを再生成する仕組みを作れます。この仕組みの概要を、図A-13に示します。

参考文献 2セットの認証資格情報があるリソースを対象にシークレットのローテーションを自動化する
https://learn.microsoft.com/ja-jp/azure/key-vault/secrets/tutorial-rotation-dual?tabs=azure-cli

図A-13 ストレージアカウントキーの再生成自動化

- アカウントキーをシークレットとしてAzure Key Vaultに格納
- シークレットの有効期限が迫る

- Azure Event GridがAzure Functionsへイベントを送信
- Azure Functionsがアカウントキーを再生成
- 再生成したアカウントキーをAzure Key Vaultに格納（はじめに戻る）

第7章 マネージドサービスを活用する > Memo クラウドサービスと「隙間家具」 p.172 で紹介した、隙間家具のアプローチです。自らが作るアプリケーションであれば、マネージドID認証への対応をお勧めします。しかし、自らが作っておらず、アプリケーションの作りをコントロールできなければ、対応してもらうまでの期間を隙間家具でしのぐのも手です。

次は③の、クラウドサービス固有の仕組みに依存したくないケースです。このケースでは、HashiCorpのVaultなど、複数のクラウドサービスやオンプレミスに対応したシークレット管理エンジンを検討するとよいでしょう。

参考文献 HashiCorp Vault
https://www.vaultproject.io/

なお、隙間家具、シークレット管理エンジンどちらのアプローチでも、作成、更新した資格情報をアプリケーションがどう読み込み、反映するかを確認してください。コマンドラインツールのように実行のたびに資格情報を読み込むアプリケーションではなく、動き続けるサービス型のアプリケーションであれば、資格情報の設定タイミングに注意が必要です。たとえば、それが起動時のみであれば、アプリケーションを再起動、もしくは再作成する必要があります。

再起動や再作成によるサービスへの影響を最小化したい場合は、次に挙げるような考慮が必要です。

- 再起動や再作成したインスタンスの準備が整ったかを確認する正常性エンドポイント
  ➡ 第1章 すべての要素を冗長化する > 正常性エンドポイントを実装する p.032
- 再起動や再作成で接続が切れた場合の再試行
  ➡ 第2章 自己復旧できるようにする > 失敗した操作を再試行する p.044
- セッションアフィニティやスティッキーセッションに依存しない
  ➡ 第4章 スケールアウトできるようにする >
    セッションアフィニティやスティッキーセッションに依存しない p.100
- インスタンスの安全な停止
  ➡ 第4章 スケールアウトできるようにする > 安全にスケールインする p.106

Repairの解説と同様、どれも本書で解説した推奨事項です。つまり、クラウドの特徴を考慮したアプリケーションは、Rotateしやすいとも言えます。

⊓ Rotate が非現実的なケース

実は、このケースの解を保留していました。

④ フェデレーションや拡張機能を導入できない外部環境との連携が必要である（パートナーなど）

このケースは、企業や組織を超える場合が多いでしょう。すると、資格情報を安全に受け渡す仕組みが課題です。資格情報を安全に受け渡すための資格情報はないかと、相談を受けることもあります。

このケースでは自動化が難しいため、対話式の多要素認証と暗号化、閲覧後に削除される共有機能など、何らかの信用できる手段を通じ手作業で資格情報を受け渡すことになります。頻繁に行うのは無理があるでしょう。よって、短期間でのRotateではなく、次のような代替案も検討せざるを得ません。

- 更新は数か月〜1、2年周期とし、定例化する
- 更新前には余裕を持って通知する
- IPアドレスによるアクセス制限など、ほかの防御手段を組み合わせる
- 漏洩が疑われる場合に、すぐ資格情報を失効し再作成できるようプロセスを整える

⊓ Repave（再舗装）

最後のRは、**Repave**（再舗装）です。舗装し直すのは、アプリケーションが動く仮想マシンやコンテナです。もし仮想マシンやコンテナに侵入されても、侵入者ごと消して作り直してしまえばよい、という刺激的な原則です。

⏏ 侵入者は潜んで機会をうかがう

　持続的標的型攻撃（**APT**：Advanced Persistent Threat）は、ターゲット
に侵入して身を潜めるタイプの攻撃です。隠れながら権限昇格やバックドア作成を
試み、データを盗んだり、壊したり、身代金を要求したりします。

　APTを防ぐには、**脆弱性を放置しないこと、そして資格情報を与えない、また
は失効させること**が効果的です。つまり、先述のRepair、Rotateが効きます。
加えて、侵入者に時間を与えないことも重要です。時間の経過は、侵入者の観察、
学習、試行の機会を増やすからです。

⏏ Repaveを実現する能力

　仮に侵入されたとしても、その環境ごと壊して作り直すアイデアがRepaveで
す。そして侵入者に時間を与えないよう、作り直す間隔が短いほど効果的です。こ
の考え方は過激にも思えます。しかし、それを実行する能力を持つアプリケーショ
ンは、珍しくありません。

　Repair、Rotateの解説で、その実現のための考慮点を挙げました。

- ●再起動や再作成したインスタンスの準備が整ったかを確認する正常性エンドポ
イント
  - ➡ **第1章 すべての要素を冗長化する ＞ 正常性エンドポイントを実装する** `p.032`
- ●再起動や再作成で接続が切れた場合の再試行
  - ➡ **第2章 自己復旧できるようにする ＞ 失敗した操作を再試行する** `p.044`
- ●セッションアフィニティやスティッキーセッションに依存しない
  - ➡ **第4章 スケールアウトできるようにする ＞
     セッションアフィニティやスティッキーセッションに依存しない** `p.100`
- ●インスタンスの安全な停止
  - ➡ **第4章 スケールアウトできるようにする ＞ 安全にスケールインする** `p.106`

　これができていれば、Repaveは難しくありません。手動、もしくは自動化し
て、定期的に仮想マシンやコンテナを再作成します。つまりクラウドの特徴を考慮
したアプリケーションは、Repaveしやすいのです。

　もちろん、その間隔は議論が必要です。また、わざわざリスクを持ち込むべきではない、という考えもあるでしょう。実は**第2章 自己復旧できるようにする** p.068 で述べたカオスエンジニアリングでも、同様の議論が起こりがちです。しかし、これはよい機会です。積極的に変化を加えるアプローチを、考えてみませんか。

 **まとめ**

　セキュリティを後付けできた時代は終わり、アプリケーションの企画、設計段階で手を打つべく、**シフトレフト**が求められるようになりました。アプリケーション開発者がすべきことは、間違いなく増えています。

　しかし、その打ち手はセキュリティのためだけでなく、回復性や拡張性、テスト容易性など、ほかの特性を向上させる取り組みと多くは共通しています。つまり、クラウドらしいアプリケーションを作ることは、セキュリティを高めることにもつながるのです。

付録 B

目的別 参考ドキュメント集

Microsoftの公開する技術ドキュメントの中から、筆者とレビュアーが日ごろ活用しているものを目的別に紹介します。

📑 Azureでアプリケーションを作りたい、設計の助けになる情報が欲しい

製品ではなく、使い方やシナリオ、テクノロジーの切り口でまとめられたドキュメントが多くあります。

ドキュメントポータル

ドキュメント群の入り口です。

- **Azureアーキテクチャセンター**
  https://learn.microsoft.com/ja-jp/azure/architecture/

更新情報

追加、更新ドキュメントを確認したい人へ。RSSフィードもあります。

- **Azureアーキテクチャセンターの最新情報**
  https://learn.microsoft.com/ja-jp/azure/architecture/changelog

サンプルアーキテクチャ

2023年4月時点で800を超えるサンプルアーキテクチャが公開されています。中には、動作するアプリケーションやインフラストラクチャのコードを含むものもあります。技術カテゴリなどキーワードでの絞り込み、検索も可能です。

- **Azureアーキテクチャを参照する**
  https://learn.microsoft.com/ja-jp/azure/architecture/browse/

Azureサービスの回復性に関するチェックリスト

本書では第1章、第2章を中心に、回復性に関する一般的な原則や推奨事項を紹介しました。ほかにも、Azureのサービス視点で回復性の考慮事項を確認できるチェックリストがあります。

- **特定のAzureサービスの回復性のチェックリスト**
https://learn.microsoft.com/ja-jp/azure/architecture/checklist/resiliency-per-service

本書で紹介されなかったクラウド設計パターンも知りたい

本書で触れなかったパターンも数多くまとまっています。ただし、中には実装や運用の難易度が高いものもあるため、ご注意を。

- **クラウド設計パターン**
https://learn.microsoft.com/ja-jp/azure/architecture/patterns/

マイクロサービスに特化した情報が欲しい

本書でも参考文献としていくつかの記事を紹介しましたが、マイクロサービスに特化した情報もまとまっています。

- **マイクロサービスアーキテクチャの設計**
https://learn.microsoft.com/ja-jp/azure/architecture/microservices/

.NETに特化した情報が欲しい

.NETに特化した情報もまとまっています。

- **Azure向けクラウドネイティブ.NETアプリケーションの設計**
https://learn.microsoft.com/ja-jp/dotnet/architecture/cloud-native/

本書で紹介されたAzureのサービスに対応するAWS、Google Cloudのサービスを知りたい

類似点と相違点、似た位置付けのサービスがまとまっています。

- **AWSプロフェッショナルのためのAzure**
https://learn.microsoft.com/ja-jp/azure/architecture/aws-professional/
- **Google CloudプロフェッショナルのためのAzure**
https://learn.microsoft.com/ja-jp/azure/architecture/gcp-professional/

📄 アプリケーション設計にとどまらない、ほかの視点での参考情報が欲しい

クラウド導入フレームワーク

ビジネス視点で、企業でのクラウドの活用と導入についてまとめられています。
- ●Azure向けのMicrosoft Cloud導入フレームワーク
https://learn.microsoft.com/ja-jp/azure/cloud-adoption-framework/

Microsoft Azure Well-Architected Framework

本書よりも網羅的で、チェックリストもあります。ただし、ボリュームがあるた
め、圧倒されないように注意してください。
- ●Microsoft Azure Well-Architected Framework
https://learn.microsoft.com/ja-jp/azure/architecture/framework/

サイト信頼性エンジニアリング（SRE：Site Reliability Engineering）

サイト信頼性エンジニアリングについて、まとめられたドキュメントです。サイ
ト信頼性エンジニアリングとは、ある組織で、システム、サービス、製品に対して
適切なレベルの信頼性を持続的に達成できるようにすることを目的としたエンジニ
アリング分野です。
- ●サイト信頼性エンジニアリングのドキュメント
https://learn.microsoft.com/ja-jp/azure/site-reliability-engineering/

Microsoftとそのグループ企業であるLinkedIn、GitHubがSREのカンファレンス
であるSREconで行った発表や記事、論文がまとめられたセクションもあります。
- ●MicrosoftからのSREに関する話題
https://learn.microsoft.com/ja-jp/azure/site-reliability-engineering/
#microsoft-----sre-------
- ●SREcon
https://www.usenix.org/conferences/byname/925

クラウドアプリケーションのパフォーマンステストとアンチパターン

一般的なパフォーマンスの問題について、アンチパターンとしてまとめられてい
ます。各アンチパターンについて、発生する理由と症状、問題を解決する方法がま
とめられています。
- ●クラウドアプリケーションのパフォーマンステストとアンチパターン
https://learn.microsoft.com/ja-jp/azure/architecture/antipatterns/

あとがき

　本書は、主張の強い本です。筆者も初めてオリジナルの「Ten design principles for Azure applications」を読んだとき、**言い過ぎではないか**と感じるところがいくつかありました。できる限り表現をやわらかくし、補足に努めたつもりです。それでも、置かれている環境や状況によっては、受け入れがたいところがあると想像します。

　読者の皆さまには、本書で紹介した推奨事項を検討、挑戦していただきたいと願っています。しかし、**各章の構成 p.vii** でも述べましたが、すべての推奨事項を実践する必要はありません。数も多いため、丸暗記する必要もありません。また、クラウドの世界は日進月歩で進化しており、将来的により優れた技術や手段が登場する可能性は否定しません。皆さまがそれぞれの状況に応じて、取捨選択してください。部分的にアイデアをつまんでもよいでしょう。

　しかし、**本書で紹介されている原則とその背景については、ぜひ記憶にとどめてください。それらは基本的な指針となるものです。** 頭の引き出しからすぐ取り出せるようにしておけば、アプリケーションのライフサイクルのさまざまな場面で助けとなるでしょう。
　10の原則をおさらいしましょう。

- すべての要素を冗長化する
- 自己復旧できるようにする
- 調整を最小限に抑える
- スケールアウトできるようにする
- 分割して上限を回避する
- 運用を考慮する
- マネージドサービスを活用する
- 用途に適したデータストアを選ぶ
- 進化を見込んで設計する
- ビジネスニーズを忘れない

　鵜呑みにする必要はありません。同意できない原則もあるでしょう。その場合はぜひ、同意できない理由や背景を議論し、言語化してください。これらの原則をもとに、自分たちの原則を作ってもよいでしょう。原則ではなく、**論点**と位置付ける手もあります。それだけの価値はあると、筆者は信じています。そして主張の強さが功を奏し、記憶に刻まれる助けとなると期待しています。

　最後に、本書が皆さまのクラウド技術に関する知識やスキルの向上に寄与し、活用の助けとなることを心から願っています。そして結果として、皆さまのビジネスや組織の発展、また、自己実現につながることを願ってやみません。

INDEX

著者紹介

■ 真壁 徹（まかべ とおる）

北陸先端科学技術大学院大学 博士前期課程修了 修士（情報科学）。

株式会社大和総研に入社。公共向けパッケージシステムのアプリケーション開発からIT業界でのキャリアを始める。その後日本ヒューレット・パッカード株式会社に籍を移し、主に通信事業者向けアプリケーション、システムインフラストラクチャの開発に従事する。その後、クラウドコンピューティングとオープンソースに可能性を感じ、OpenStack関連ビジネスでアーキテクトを担当。パブリッククラウドの成長を信じ、日本マイクロソフト株式会社へ。

主な著書（共著）に『しくみがわかるKubernetes Azureで動かしながら学ぶコンセプトと実践知識』（翔泳社）、『Microsoft Azure 実践ガイド』（インプレス）、『Azureコンテナアプリケーション開発 ── 開発に注力するための実践手法』（技術評論社）などがある。

装丁／本文デザイン　大下賢一郎
　　　　　　DTP　株式会社シンクス
　　　　　　編集　コンピューターテクノロジー編集部
　　　　　　校閲　東京出版サービスセンター

本書のご感想をぜひお寄せください

https://book.impress.co.jp/books/1122101082

読者登録サービス
CLUB impress

アンケート回答者の中から、抽選で**図書カード（1,000円分）**
などを毎月プレゼント。
当選者の発表は賞品の発送をもって代えさせていただきます。
※プレゼントの賞品は変更になる場合があります。

■商品に関する問い合わせ先

このたびは弊社商品をご購入いただきありがとうございます。本書の内容などに関するお問い
合わせは、下記のURLまたは二次元バーコードにある問い合わせフォームからお送りください。

https://book.impress.co.jp/info/

上記フォームがご利用いただけない場合のメールでの問い合わせ先
info@impress.co.jp

※お問い合わせの際は、書名、ISBN、お名前、お電話番号、メールアドレス に加えて、「該当する
ページ」と「具体的なご質問内容」「お使いの動作環境」を必ずご明記ください。なお、本書の範囲
を超えるご質問にはお答えできないのでご了承ください。

●電話やFAX でのご質問には対応しておりません。また、封書でのお問い合わせは回答までに日数をい
　ただく場合があります。あらかじめご了承ください。
●インプレスブックスの本書情報ページ https://book.impress.co.jp/books/1122101082 では、本書
　のサポート情報や正誤表・訂正情報などを提供しています。あわせてご確認ください。
●本書の奥付に記載されている初版発行日から3 年が経過した場合、もしくは本書で紹介している製品や
　サービスについて提供会社によるサポートが終了した場合はご質問にお答えできない場合があります。

■落丁・乱丁本などの問い合わせ先
FAX　03-6837-5023
service@impress.co.jp
※古書店で購入された商品はお取り替えできません。

クラウドアプリケーション 10の設計原則

「Azureアプリケーションアーキテクチャガイド」から学ぶ普遍的な原理原則

2023年10月11日　初版第1刷発行

著　者　真壁 徹（まかべ とおる）

発行人　髙橋隆志

発行所　株式会社インプレス
　　　　〒101-0051　東京都千代田区神田神保町一丁目105番地
　　　　ホームページ　https://book.impress.co.jp/

印刷所　音羽印刷株式会社

ISBN978-4-295-01788-2 C3055

Printed in Japan